云南省铅锌矿床遥感地质特征研究

王瑞雪　著

科学出版社

北　京

内 容 简 介

云南省铅锌矿产资源丰富，矿床类型众多。本书在多年遥感地质学领域研究成果基础上，从矿床学的角度出发，探讨在不同尺度的遥感地质找矿调查工作中，利用不同尺度的遥感影像识别地质构造形迹、划分期次及其与矿化关系；分析各种类型铅锌矿床围岩蚀变信息提取的可行性及图像增强处理方法；以多个实例介绍了从遥感地质信息视角获取和应用影像信息，厘定矿床定位的遥感地质信息标志的方法。

本书可供从事遥感地质、矿床地质和资源勘查等研究领域的科研、技术和教学人员参考。

图书在版编目（CIP）数据

云南省铅锌矿床遥感地质特征研究 / 王瑞雪著. —北京：科学出版社，2019.11

ISBN 978-7-03-062561-8

Ⅰ．①云⋯　Ⅱ．①王⋯　Ⅲ．①铅锌矿床－地质遥感－研究－云南　Ⅳ．①P618.4

中国版本图书馆 CIP 数据核字（2019）第 218646 号

责任编辑：冯　铂　黄　桥 / 责任校对：彭　映
责任印制：罗　科 / 封面设计：墨创文化

科 学 出 版 社 出版

北京东黄城根北街 16 号
邮政编码：100717
http://www.sciencep.com

成都锦瑞印刷有限责任公司 印刷

科学出版社发行　各地新华书店经销

*

2019 年 11 月第 一 版　开本：787×1092　1/16
2019 年 11 月第一次印刷　印张：11
字数：260 000

定价：138.00 元
（如有印装质量问题，我社负责调换）

前　　言

云南省地处扬子板块西缘，濒临欧亚板块与印度板块碰撞的结合部。受板块构造碰撞、俯冲、岩浆活动等区域地质事件的影响，多期次频繁的构造运动、地质作用、岩浆活动和漫长的地史演化进程，为铅锌提供了充沛的矿质来源、矿液运移通道、矿质富集场所及储矿空间，造就了云南铅锌等矿产资源独特、优越的成矿地质条件。

云南铅锌矿床（点）分布广泛、点多面广，成因类型多。许多矿床的成因还存在多种说法和诸多争议。滇西三江铅锌成矿带和滇东北铅锌成矿带均处于构造交汇部位，成矿地质条件优越，具备生成超大型铅锌矿床的条件，找矿潜力巨大。但是滇东北地区和滇西地区均是地形险峻、环境艰苦的高山地区。遥感技术是提供地质信息，解决地质找矿问题的重要手段之一，可以减少传统地面地质工作的人力物力。

随着空间定位系统、地理信息系统与遥感技术系统的相互渗透，使遥感技术在矿产勘查方面的应用开拓了新途径，提高到新的层次。提取遥感影像上的地质构造信息是对地质活动的反演，具有重大的地质意义，既是分析成矿地质条件和矿床定位的基础，也是多元地学信息综合分析的主要对象之一。在进行遥感地质勘查时需从矿床学、矿床地质特征出发识别矿床特征与遥感信息间的内在联系，厘定纷繁复杂的线性构造、环形构造以及它们之间的组合关系（线-环结构）和等级体制，提取构造、侵入体、构造剥蚀程度以及遥感数据中地质弱信息（蚀变信息、特殊岩性信息等）等找矿信息，从区域遥感影像中识别赋矿影像异常，进而根据影像标志进行矿产预测。

现代遥感技术为我们提供了从千米级到米级以下的多种规格空间分辨率遥感影像，研究矿床遥感影像特征既需要宏观控制，也需要微观观察。作者多年来从事遥感地质勘查工作，工作中采用"成矿遥感地质背景→远景区→蚀变异常区→赋矿线-环结构"工作方法，将多种分辨率遥感影像相结合，利用不同分辨率的遥感信息，逐步推进，既符合成矿地质理论，又能充分发挥遥感技术特长，经济而实惠。

遥感地质找矿过程是地质异常的发现过程：滇东北地区 NE 向构造体系中的 SN 轴向透镜状环块构造；会泽铅锌矿床在 NE 向逆冲推覆构造体系中受下盘构造影响形成的小型等轴状环形构造；兰坪菜籽地铅锌矿床在 NW 向构造体系上叠加的等轴状环形构造；北衙金铅锌多金属矿床和澜沧老厂银铅锌多金属矿床的 SN 轴向与 EW 轴向透镜状环形构造形成的环-环横叠式结构；会泽麒麟厂铅锌矿床与姚安老街子铅锌矿床的植被色调异常；澜沧老厂银铅锌多金属矿床的大面积土壤、岩石色调异常等均是较好的实例。

目　　录

第1章 巧家–彝良地区铅锌矿床遥感影像特征

1.1 滇川黔铅锌成矿域地质概况

巧家–彝良地区铅锌（银）矿床众多，如巧家茂租和东坪、鲁甸乐红和乐马厂（银）、彝良毛坪等大中型矿床，属滇川黔铅锌成矿域的一部分。滇川黔铅锌成矿域是我国重要的铅锌矿产地，区内铅锌矿床多，储量大，已发现一批大中型铅锌（银）矿床及数以百计的铅锌矿点（图 1-1）。其成矿作用、控矿因素及矿化特征基本相同，赋矿层位从震旦系至二叠系的碳酸盐岩均有产出，找矿潜力巨大（柳贺昌和林文达，1999）。

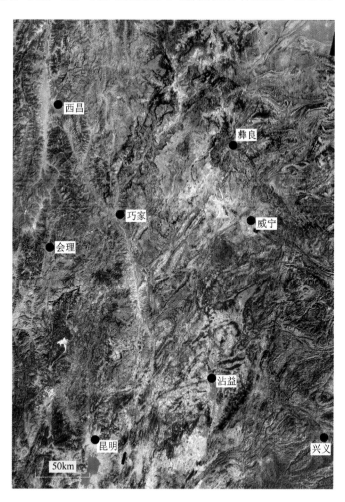

图 1-1 滇川黔成矿域 ETM731 遥感影像

红色点为铅锌矿床（点）

1.1.1 滇川黔成矿域构造格局特征

滇川黔铅锌成矿域位于扬子板块西南缘，处于环太平洋构造域和特提斯构造域的复合部位。其西界为 NS 向泸定-易门断裂带（安宁河-绿汁江断裂带）和甘洛-小江断裂带，东南以 NE 向师宗-弥勒断裂带为界，东北侧是 NW 向紫云-垭都断裂带（图 1-2）。

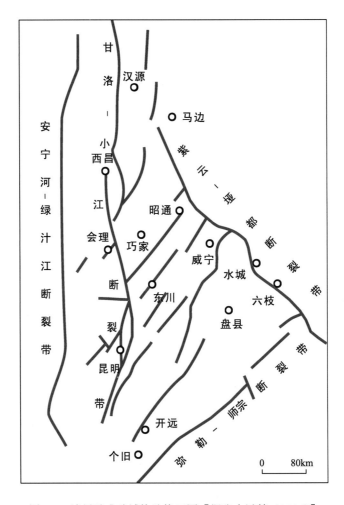

图 1-2 滇川黔成矿域构造格局图［据张志斌等（2006）］

滇川黔铅锌成矿域具典型的双层地壳结构，其基底由新太古代—古元古代结晶基底和中元古代褶皱基底组成。基底构造为东西走向，由一系列褶皱和断裂组成。盖层构造以深大断裂和逆冲-褶皱构造发育为特征。以上滇川黔铅锌成矿域的 NS 向、NE 向和 NW 向边界断裂即为此类型构造。这些沟通基底、多期活动的深大断裂带不仅控制着区内岩相分布，特别是赋矿的碳酸盐岩地层的分布，同时还可能是重要的导矿通道。逆冲-褶皱构造系统则是众多铅锌矿床的控矿、容矿构造（吴越，2013）。

区内构造十分发育,将成矿区切割成许多大大小小的断隆和断陷,组成了整个区域隆、凹相间的基本构造轮廓。构造线方向主要为NS向,区内几条主要的NS向断层严格控制了大地构造单元的发育和发展;其次为NE向和NW向的两组断裂,它们控制了次级构造单元的发育;还有EW向隐伏断裂,它们大多具有长期的、继承性活动的特点。断裂格局和主要断裂出现于晋宁期,再次强烈活动于印支期,而在燕山期受到叠加和改造。它们不仅控制了古沉积环境,而且与岩浆活动和热液成矿作用有明显的联系。

1.1.2 滇川黔成矿域构造演化历史

滇川黔成矿域经历了漫长的构造演化历史。新太古代—古元古代(~800Ma)是陆核萌生期(2451~1700Ma),形成了具区域热动力深变质的近EW向的结晶基底——康定群和河口群。早期陆核(1700~1200Ma)的发展由于东川运动而结束,并形成了本区中-浅变质的以EW向为主的褶皱基底主体——盐边群、会理群和昆阳群。9亿年(900Ma)左右,晋宁运动Ⅰ期爆发,滇川带上的断裂发生差异升降活动并形成一系列小型断陷盆地;8亿年(800Ma)左右,晋宁运动Ⅱ期爆发,川滇裂谷带彻底关闭,其中沉积物进一步褶皱变质,形成本区上部的褶皱基底(陆彦,1998)。

元古代(800~543Ma)晋宁运动以后,本区开始了被动大陆边缘演化阶段(张云湘等,1988)。震旦纪至三叠纪总体上处于拉张状态,属于地裂发展旋回(杨应选等,1994)。晚震旦世开始,由于古上扬子海的不断海侵,沉积古环境转变为多岛的碳酸盐岩台地环境,灯影期该区出现了一个广阔的浅海台地,形成了一套以震旦系碳酸盐岩为主的沉积地层(夏文杰等,1994),灯影组碳酸盐岩直接超覆于这些结晶-褶皱基底岩石之上,造成灯影组在区内厚度变化大。

寒武纪(543~490Ma)期间,滇川黔地区位于扬子大陆西南缘边缘海,期间分布许多岛屿与潜山。寒武纪早期沉积环境由浅海相向滨海相—碳酸盐岩台地相—潟湖相转化。晚寒武世沉积环境转为广海碳酸盐岩台地相,为开放的氧化环境,沉积了一套灰色层状白云岩、白云石灰岩夹石英砂岩、泥岩(张长青,2008)。

奥陶纪(490~438Ma)时期,滇川黔地区隆升为古陆,成为剥蚀区,中、下奥陶统仅出露于盐边和仁和一带。早志留世处于多岛半封闭海湾环境,中、晚志留世古地理环境为滨海-浅海开放性环境。进入泥盆纪后,整个稳定的扬子古陆西缘连续沉积了一套完整的浅海和碳酸盐岩台地及其边缘沉积岩。

石炭纪(354~295Ma)时期,沉积环境为开阔的碳酸盐岩台地环境,微环境有台地边缘斜坡相和台内鲕滩相等,沉积的地层均为碳酸盐岩沉积物。二叠纪时期地幔物质上涌,火山喷发,形成了峨眉山陆相喷溢玄武岩;晚二叠世晚期至早、中三叠世又一次海侵旋回,本区部分地区接受碎屑岩沉积。

三叠纪末期,由于中特提斯洋壳沿金沙江向东俯冲消减,扬子大陆边缘的攀西裂谷大幅度裂陷,开始形成裂陷盆地;晚三叠世,扬子地台西缘经历了由拉张到挤压的完整构造旋回(云南省地质矿产局,1990)。

在侏罗纪,扬子地台西缘仍受到来自西古特提斯洋演化的强烈影响,构造运动总的趋势是间歇性的抬升，为大陆内部的发展阶段，以陆相红层沉积为主；早白垩世，西侧的甘孜陆块及盐源-丽江断块向攀西-滇中推覆碰撞，形成龙门山-锦屏山造山带；古近纪始新世时，印度板块向欧亚大陆俯冲碰撞，导致龙门山-锦屏山造山带进一步隆升（王奖臻等，2002）。

1.1.3　滇川黔成矿域铅锌矿床的主要控矿因素

1. 岩控

该区铅锌矿床多产出在稳定的克拉通边缘地带，在这里往往发育克拉通盆地沉积的巨厚碳酸盐岩，特别是渗透性高的白云岩或灰质白云岩，或生物礁相灰岩。孔隙充填和交代作用发生最多的地方是白云岩与其他岩类的接触界线附近，或透水与不透水白云岩之间的界面的构造圈闭中，各种多孔的岩石单元都可以容矿。

滇川黔成矿域的铅锌矿床产于上震旦统、下寒武统、中上奥陶统、中志留统、中泥盆统、上泥盆统、上石炭统、中二叠统等众多层位。容矿围岩以白云岩为主，其次是白云质灰岩、硅质白云岩、灰岩等（林方成，2005）。

2. 构造控制

滇川黔成矿域内铅锌矿床的空间分布格局明显受区域构造格局的控制。大部分铅锌矿床在NS向安宁河断裂带以东的台缘凹陷带中聚集，而在安宁河断裂的西侧，铅锌矿床（点）非常少，迄今为止尚未发现成型的矿床（图1-3）。铅锌（银）矿床（点）受控于NS向石棉-小江断裂带及NE向、NW向断裂带，平面分布呈带状，形成多条成矿带。不同性质、方向、级别的构造，分别控制着不同级别、方向及几何形态的矿带、矿床及矿体，是构造分级控矿的结果。而在近EW向构造矿带中则以散点状分布，这可能是由于铅锌矿主要是在不同方向褶皱、断裂的交汇部位及近NS向与近EW向构造的交汇点富集形成的（刘文周和徐新煌，1996）。成矿带内断层交汇部位、背斜倾伏端、向斜扬起端或穹窿构造控制矿床分布，如金沙厂矿床位于巧家-莲峰二级深大断裂派生的金沙逆断层与金盆短轴背斜倾伏端的交汇处，矿化在背斜轴部和倾伏端最强；茂租矿床位于巧家-莲峰二级深大断裂派生的茂租断裂和甘树林复式向斜的复合部位；断裂破碎带、节理密集带、岩层挠曲，以及层间剥离、滑动部位和挤压虚脱空间是成矿热液运移和富集场所，往往是富矿体产出的最有利地段。

滇川黔成矿域内铅锌（银）矿化既受碳酸盐岩地层控制，构造在其成矿过程中也起到至关重要的作用，同时控制着矿体的产出形态（柳贺昌和林文达，1999）。

（1）滇川黔成矿域内铅锌（银）矿床、矿点、矿化点受控于区内主干逆断层构造带，平面分布呈带状，形成多条成矿带。

（2）铅锌矿化强度，与主干逆断层系统（主干逆断层垂直错距大小，产状陡缓、倒转与否，覆瓦状逆断层间距，岩层挠曲程度，羽状断裂及岩层挠曲发育情况等）的构式配置及强度有正相关关系。

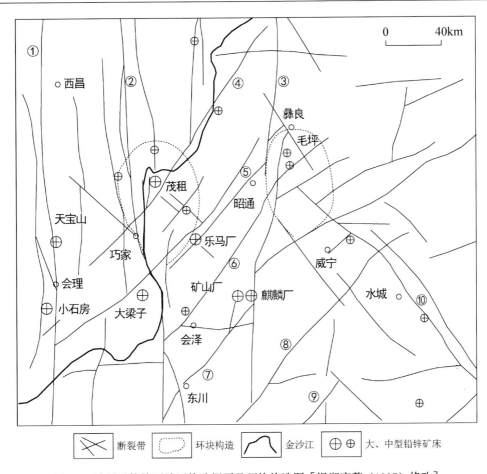

图 1-3　滇川黔接壤区地区构造纲要及环块构造图［据郑庆鳌（1997）修改］

NS 向构造带：①泸定-易门带；②甘洛-小江带；③昭通-曲靖带。NE 向构造带：④巧家-金沙厂带；⑤昭通-会东带；
⑥会泽-彝良带；⑦矿山厂-金牛厂带；⑧寻甸-宣威带；⑨牛首山带。NW 向构造：⑩紫云-垭都带

（3）主干逆断层上、下盘的容矿层内均可成矿，上盘容矿层的拖曳背斜、穿窿构造、岩层挠曲、剥离，以及层间滑动部位最利成矿。主要羽状断裂切穿的容矿层均可成矿，形成不同时代容矿层的"同位成矿"现象。

1.2　滇川黔铅锌成矿域内的遥感影像异常区

矿床总是赋存于特殊的地质单元或构造部位，而这可以从遥感影像上检测到（USGS，1998）。遥感信息具有视野广阔、概括总体的优势。但要从遥感影像上靠影像色调、纹理等直接解译标志发现矿床的存在，识别矿床的类型，现有的遥感地质研究程度还未达到。目前，为了较好地发挥遥感技术在矿床勘查中的作用，遥感地质找矿研究要从矿床学的角度出发，抓住不同成矿地质环境、不同成因矿床的地学特征去识别矿床的遥感影像特征。

滇川黔成矿域内地层走向和地层界线以 NE 走向为主，构造变形以褶皱为主，断裂次

之，褶皱轴多呈 NE-NNE 向，背斜大多被轴向断裂破坏。一系列的 NE 向、NNE 向的断裂带和背、向斜褶皱相间排列，构成典型的隔档式褶皱组合。NE 向的断裂往往近于等距出现，规模不大，为硅铝层断裂（陈宏明等，1994）。以 NE 走向为主的地层界线、断裂、褶皱带以及受此控制的河谷、山脊等综合因素导致该区域在遥感影像上显示出多条 NE 向紧密条纹条带与宽缓的菱格状地块相间分布的典型景观特征。然而，在四川宁南至云南巧家、鲁甸地区以及云南彝良至贵州威宁地区遥感影像上却显示有 2 个 NS 轴向的透镜状环块构造，迥然相异于区域 NE 走向的条带状背景景观（图 1-4），形成一个不协调的遥感景观异常（王瑞雪，2015）。环块地理位置上分别对应于云南巧家茂租矿化集中区和彝良毛坪矿化集中区，故称之为巧家茂租环块构造和彝良毛坪环块构造。影像特征的差异反映了研究区的地质体和地质现象的差异，且环块构造单元内矿床集中分布，可能存在区别于背景的一定空间范围和地质时代的地质异常。

图 1-4　巧家-彝良-威宁地区 ETM653 遥感影像

1.3　茂租环块区遥感影像特征

1.3.1　研究区地质概况

四川宁南至云南巧家、鲁甸一带地处扬子板块西南缘之滇东北台褶带的北段，西侧为 NS-NW 向则木河-安宁河断裂带，东南侧受限于 NE 向昭通-会东断裂带，NS 向甘洛-小江断裂带和 NE 向巧家-金沙厂断裂带贯穿环块。区内地层发育较为齐全，地质构造复杂（图 1-5）。出露的地层自老而新有震旦系、寒武系、奥陶系、志留系、泥

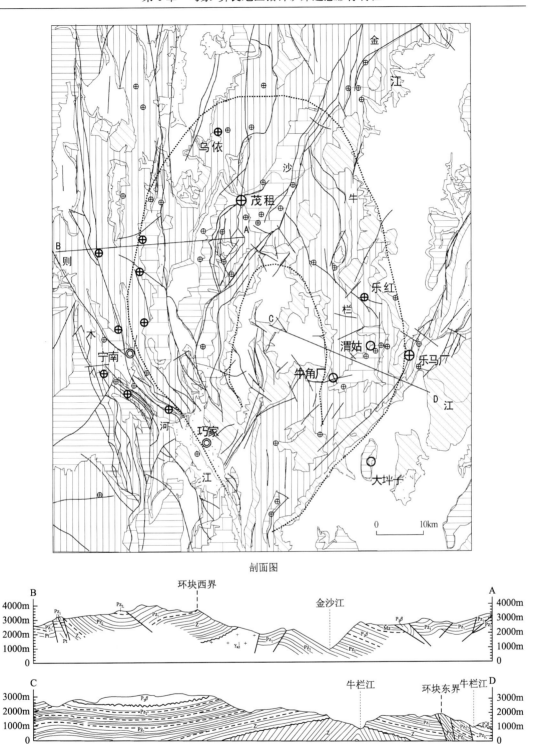

图 1-5　茂租地区地质简图

1. 新生界（Kz）；2. 中生界（Mz）；3. 二叠系峨眉山玄武岩（$P_2\beta$）；4. 上古生界（Pz_2，不含 $P_2\beta$）；5. 下古生界（Pz_1）；
6. 震旦系（Z）；7. 前震旦纪花岗岩斑岩；8. 断裂；9. 地层界线；10. 不整合界线；11. 环块构造；12. 河流；13. 铅锌银矿床（点）

盆系、石炭系、二叠系、三叠系、侏罗系、白垩系、古近系、新近系和第四系。震旦系沉积厚度为3000m左右，其中灯影组（Z₂d）为一套巨厚的广海白云岩建造，厚800～1250m（如金沙江边厚900m，巧家厚1248m，巧家东坪坡脚厚798.8m）。下古生界为一套滨海、浅海相沉积的砂岩、粉砂岩、页岩、灰岩、白云质灰岩和白云岩组成，总沉积厚度为3500m左右，二者广泛分布；上古生界分布范围小且沉积厚度薄，但二叠系峨眉山玄武岩（P₂β）大面积分布，最大厚度可达2400m（胡炎基等，1965；王茂良，1966；赵应龙等，1978）。

区内前震旦纪构造线方向为近EW向，盖层构造线则呈NS向展布，少量NW向和NE向构造。NS向构造属于小江断裂带，有多条密集的分支，如金沙江以西四川境内主要有黑水河断层、交际河断层、大桥河断层、松树坪断层、迴龙湾断层、跑马乡断层、棉纱湾断层等。与之相伴发育NNW-NS向的长轴褶皱，自西向东为碗厂-大桥向斜、热水塘背斜、马路乡向斜、炉铁乡背斜、郎都勃奎向斜和骑骡沟背斜等。金沙江以东云南境内的NS向构造带被称为药山构造带（赵应龙等，1978），有十余条小型断层和诸如大包厂背斜、药山向斜、狮山向斜、韦家渡背斜、新街子向斜和渭姑背斜等二十余个小型褶皱组成。药山构造带内的断层总方向呈近NS向，但沿走向方位变化较大，常呈"S"形或反"S"形延伸。主要的褶曲也具此特征，如药山向斜轴线方向为NE15°，沿轴向有扭曲拉长，呈现为反"S"形。区内的褶皱构造一般由震旦纪及奥陶纪地层组成背斜核部；侏罗纪、白垩纪、二叠纪地层组成向斜核部；其余时代地层构成背、向斜两翼。背斜紧密，向斜较开阔，褶皱不对称，背斜轴部常发生纵向逆断层，将背斜构造破坏。

区内NE向构造主要位于环块西南侧和环块内部巧家东坪一带，分别是巧家-金沙江断裂带的南段和昭通-会理断裂带的中段（图1-3）。区内NW向构造不占重要地位，仅零星分布。区内分布有茂租、乐马厂2个大型铅锌（银）矿床以及东坪、乐红等中型铅锌（银）矿床和众多小型矿床及矿点。矿床类型主要为受地层控制的沉积改造型矿床，矿体主要赋存于震旦系下统灯影组白云岩（茂租、东坪等），其次是中泥盆统曲靖组白云岩（乐马厂）、志留系中部的上层白云岩（宁南县松林）、寒武系底部过渡层的白云岩和泥质白云岩（宁南云雀）。

1.3.2 茂租环块构造遥感影像特征

在遥感影像上茂租环块以不同于周围的色调、纹理、水系和地貌等因素综合显示出其SN轴向透镜状的环形影像，南北轴长85km，东西宽约50km（图1-6）。环块夹持于NS向甘洛-小江断裂带、NS-NW向安宁河-则木河断裂带、NE向巧家-金沙厂断裂带和昭通-会东断裂带等构造带之间。这一环形影像具有多圈层的特征，可分为外圈层环带和核心区2个圈层。环块构造的边界为弧形的山脊线，在ETM653遥感影像上其外圈层为浅粉色-浅绿色的弧形环带，宽约15km，地貌上为相对宽缓的"U"形宽谷（图1-5剖面图）。沿宽谷的中心线河谷深切，东西两侧分别是金沙江（巧家-茂租段）和牛栏江（乐马厂-江口段）河谷。金沙江在茂租至牛栏江江口段由南北流向急转为东西流向，两江围合形成"n"形图案。外环带内部影纹较粗糙，其中西部环带以稀疏格状水系为主，东部环带以密集的格状-树枝状水系为主。外环带包围的核心区也呈椭圆状，南北长约 20km，东西宽 10～15km。核心区纹理光滑均匀，色调较深，在 ETM653 遥感影像上为蓝绿色。

环块构造各圈层不仅影像特征清晰，与地面地质构造也具有对应关系（图 1-6、图 1-7）。环块西侧边界与 NS 向的小江断裂带的分支迴龙湾断层相切，东侧的边界是玄武岩的分布界线。西侧的外环带内包含了松树坪向斜、大跨山向斜、三店背斜、支皮梁子背斜、薄瓜田向斜、骑骡沟背斜、水坪子背斜和野鸭塘向斜，环带中的金沙江河谷沿着近 NS 向的棉纱湾弧形断层发育。东侧的外环带内包含了金阳背斜、药山向斜、韦家渡背斜、拖车向斜、渭姑背斜、阿鲁块向斜和大包厂背斜等，环带内有数条 NE-NS 向弧形的断层。这些断层总的走向为近 NS 向，平面上呈波状延伸。茂租环块的核心区对应于狮山向斜的槽部，

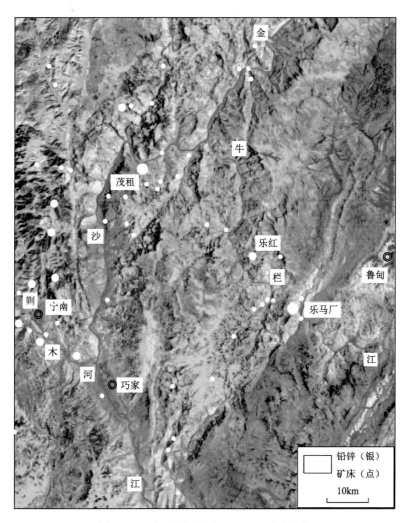

图 1-6　巧家-茂租地区 ETM653 遥感影像

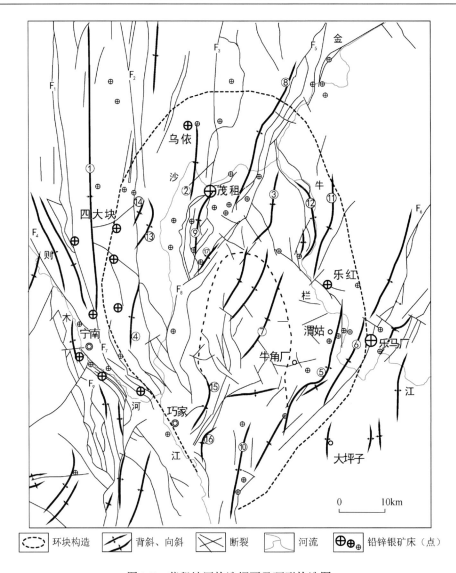

图 1-7　茂租地区构造纲要及环形构造图

①都勃奎向斜；②松树坪向斜；③药山向斜；④骑骡沟背斜；⑤渭姑向斜；⑥阿鲁块向斜；⑦狮山向斜；
⑧金阳背斜；⑨大跨山向斜；⑩大包厂背斜；⑪拖车向斜；⑫韦家渡背斜；⑬支皮梁子背斜；
⑭薄瓜田向斜；⑮水坪子背斜；⑯野鸭塘向斜；⑰三店背斜；

F_1. 黑水河断裂；F_2. 交际河断裂；F_3. 松树坪断裂；F_4. 则木河断裂；F_5. 昭通-会理断裂；F_6. 巧家-金沙厂断裂；
F_7. 迴龙湾断裂；F_8. 棉纱湾断裂；F_9. 大河桥断裂

地表主要由二叠系峨眉山玄武岩覆盖，地势较高而相对平坦。微地貌特征使整个环块显示为浅碟状构造盆地，即整个环块为一复式"屉形"向斜构造，中部为宽缓的近 NS 轴向向斜构造，东西两侧为密集的紧闭型次级断褶带。断褶带内的断裂、褶皱轴线方向常常呈"S"形或反"S"形，并且首尾相衔接形成透镜状图形，特别是东侧环带此现象最为明显。在环块构造的外围，构造则相对简单，尤其是东部，二叠系峨眉山玄武岩呈 NE 向宽带展布，断裂、褶皱均不发育，更没有呈"S"形扭曲的现象。

1.3.3　茂租环块构造岩相古地理和构造演化特征

根据区域地质资料分析，茂租环块构造区具有独特的构造、演化特征，是一个长期活动的、有继承性的独立构造单元，其主要赋矿地层及与成矿有关的地层形成的岩相古地理特征与周围区域不同。在与滇川黔铅锌矿床成矿相关的几个重要地质构造运动时期，茂租环块一直是构造活动强烈的区域。

1. 早震旦世澄江期环块区为川西断陷盆地的喷发中心

震旦纪初期，扬子板块西缘安宁河断裂东侧为构造沉陷带，主要是川西-滇东断陷盆地。断陷盆地内沿断裂发生了较为强烈的火山喷发活动，共有 4 个喷发中心（杨暹和，1985；周名魁和刘伊然，1988）。其中与小江断裂有关的巧家渭姑喷发中心与茂租环块地理位置耦合（图 1-8）。喷发中心的岩性上部由中酸性的英安岩、凝灰岩、火山砾岩、凝灰质砂岩组成，夹杏仁状安山岩；下部为紫红色长石岩屑砂岩、粉砂岩夹英安岩、凝灰岩等，厚 704m。

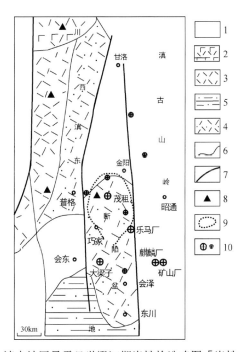

图 1-8　茂租环块与川西-滇中地区早震旦世澄江期岩性构造略图［岩性、构造据杨暹和（1985）、
周名魁和刘伊然（1988）改绘］

1. 古陆山地；2. 中基性火山岩沉积区；3. 酸性火山岩沉积区；4. 火山碎屑岩沉积区；5. 陆相碎屑岩沉积区；
6. 相区界线；7. 断层；8. 火山喷发中心；9. 环块构造；10. 大中型铅锌（银）矿床

2. 晚震旦世灯影期至早古生代环块区为凹陷中心

在南沱期，川西-滇东断陷盆地范围收缩，成为不相连的川西断陷盆地和滇东断陷盆地（陈智梁，1987），环块部分区域短暂成为陆地。之后大规模的海侵开始，扬子板块西缘形成海相稳定相沉积。在相对稳定的构造背景下，存在一些凹陷盆地，形成沉积中心。其中沉积中心之一位于巧家—宁南一带（图 1-9），中心沉积厚度＞1400m（云南省地质矿产局，1995）。在灯影期的岩相古地理图上，半闭塞台地相镁质碳酸盐岩（隐藻白云岩）分布范围为一 SN 轴向椭圆形，其沉积等深线也呈 SN 向条带状，茂租椭圆形环块对应其沉积中心位置，东侧环缘与 1000m 等深线，西侧环缘与 1200m 等深线形态极为协调。

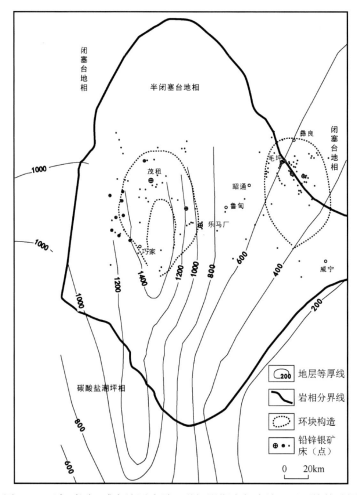

图 1-9　巧家-彝良-威宁地区晚震旦世灯影期岩相古地理及环块构造图
［沉积等厚线①据云南省地质矿产局（1995）］

滇川黔成矿域早古生代继承了震旦纪的古地理、古构造格局，茂租环块范围内震旦系及下古生界沉积总厚度超过 6500m，含巨厚的白云岩地层。至晚古生代，滇川黔成矿域的沉积中心已东移至彝良—威宁一带，宁南—巧家一带虽有沉积，沉积厚度及分布范围大大低于震旦系和下古生界。而在彝良—威宁一带发育与茂租环块影像特征相似的主要由上古生界地层岩块形成的彝良透镜状环块构造（王瑞雪，2015）。

———
① 因资料来源等原因四川省境内的等厚线与云南省境内的等厚线不能一一衔接。

3. 早二叠世环块区为峨眉山玄武岩喷发中心

早二叠世末期滇川黔成矿域全区海退成陆。晚二叠世早期，滇川黔成矿域内上地幔物质上涌，玄武岩沿着张性深大断裂发生大面积的喷溢。其中 NS 向的甘洛-小江断裂带是断陷盆地的边缘断裂，沿断裂几乎都有玄武岩喷溢，但喷溢的中心位置在宁南—巧家一带（图 1-10），即茂租环块构造的范围内。滇川黔成矿域二叠系峨眉山玄武岩的平均厚度为 470m，但茂租环块范围内的玄武岩厚度普遍远大于此，只有巧家北部环体边缘一带厚度为 400～600m，其余地区厚度均大于 800m，其中心区域更是厚达 2360m（滕吉文，1994）。

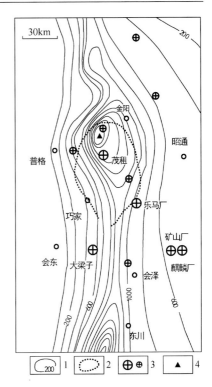

图 1-10　茂租环块及周边地区峨眉山玄武岩等厚线图［玄武岩等厚线据滕吉文（1994）改绘］

1. 玄武岩等厚线（m），2. 环块构造，
3. 大中型铅锌（银）矿床，
4. 喷发中心（厚度 2360m）

直至第四纪茂租环块区域仍具有活动性，控制了这一区域的地形地貌和水系格局发育，如环块区在地貌景观上其外侧山脊线呈弧形，金沙江河流与其支流牛栏江至此都发生大转弯，且钝角相交，显示了环块的轮廓和影响范围。

滇川黔成矿域铅锌（银）矿床层控特征明显，在环块地区其主要赋矿地层形成的岩相古地理特征与周围区域不同。环块内的铅锌矿床主要赋存于晚震旦世灯影期的半闭塞台地相镁质碳酸盐岩（隐藻白云岩）中，其次是下古生界各系中的白云岩。

震旦纪初期，扬子板块西缘周边的零星岛陆由于长期剥蚀大都夷平，海侵进一步扩大，除牛首山地区以及滇中地区有岛陆外，安宁河断裂西侧仅有水下隆起或小的岛链分布，安宁河断裂东侧为构造沉陷带，形成了一系列潟湖海湾，形成海相稳定相沉积，沉积中心位于武定-巧家-宁南一带，南部狭窄，向北开阔（图 1-9），中心沉积厚度＞1400m（云南省地质矿产局，1995）。在灯影期的岩相古地理图上，半闭塞台地相镁质碳酸盐岩（隐藻白云岩）分布范围为一 SN 轴向椭圆形，其沉积等深线也呈 SN 向条带状，茂租环块对应其沉积中心位置，东侧环缘与 1000m 等深线，西侧环缘与 1200m 等深线形态极为协调。

早古生代继承了震旦纪的古地理、古构造格局，扬子区海侵广泛，寒武系地层具明显两分性：下寒武统为泥砂质和碳酸盐沉积。中、上寒武统以镁质碳酸盐沉积为主。奥陶系为砂泥质碳酸盐岩建造；下志留统为笔石页岩建造，中、上志留统为泥质岩、碳酸盐岩建造。环块范围内震旦系及下古生界沉积总厚度超过 6500m，含巨厚的白云岩地层。此沉积环境有利于银、铅、锌的聚积，为矿床的形成创造了得天独厚的优越条件。至晚古生代，滇川黔成矿域的沉积中心已东移至彝良—威宁一带，宁南—巧家一带虽有沉积，沉积厚度及分布范围大大低于震旦系和下古生界。早二叠世末期全区海退成陆；晚二叠世早期，SN

向构造活动，沿药山一带发生强烈的基性玄武岩浆的喷发和次辉绿玢岩的侵入；中生代仅局部接受陆相沉积。

1.3.4 茂租环块构造 Pb-Zn 元素地球化学特征

滇川黔成矿域铅锌元素地球化学具有分区、分带的特征，异常总体显示出 NE 向与 NW 向异常带构成的网格状格局（胡炎基等，1965；王茂良，1966；赵应龙等，1978；崔银亮，2013；金中国，2008）。但区域异常至茂租环块地区时，Pb-Zn 组合异常带转为 NS 向，规模也比周围地区大，且浓集中心突出，梯度变化明显（图 1-11）。环块西外环带内金沙江以西巧家-四大块一带，Pb-Zn 地球化学组合异常形态呈 SN 向带状，长 40km，宽 8km，规模大，元素分带和浓集中心明显，异常中心呈 NS 向串珠状分布（旦贵兵等，2007）。金沙江以东茂租矿床至乐马厂矿床一带的 Pb-Zn 地球化学组合异常呈 NW 向条带，宽 10～20km，与茂租环块的东外环带相耦合。受 NW 向、NE 向和 EW 向断裂的影响铅锌

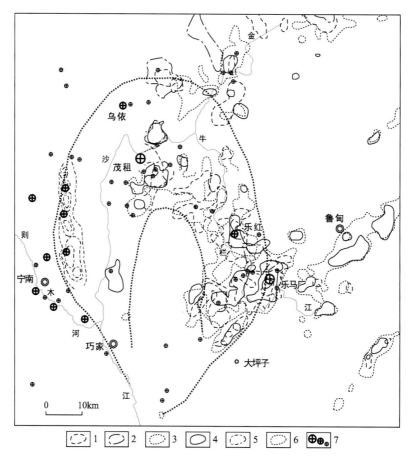

图 1-11　茂租地区铅锌地球化学异常分布图［地球化学异常据胡炎基等（1965）、王茂良（1966）和赵应龙等（1978）综合］

1. 金属量 Pb-Zn 异常；2. 重砂 Pb-Zn 异常；3. 分散流 Pb 异常；4. 分散流 Zn 异常；5. 分散流 Pb-Zn 异常；
6. 环块构造；7. 铅锌（银）矿床（点）

地球化学异常局部会拓宽。在环块区外 Pb-Zn 元素异常比较稳定地沿 NE 方向延展，但异常规模和强度远小于环体内部，直至到另一 NS 轴向透镜状环块——彝良毛坪环块区异常才复又增强。

1.3.5　茂租环块构造成因探析

1. 茂租环块反映了巨厚的盖层沉积岩块

通过以上地质、岩相古地理条件分析，茂租环块区盖层地质构造为一复式向斜，卷入了震旦纪以来形成的酸性火山岩、碳酸盐岩、砂页岩及陆相碎屑岩地层，环块范围内震旦系及下古生界沉积总厚度超过 6500m，含巨厚的白云岩地层；二叠系峨眉山玄武岩厚度也远大于周围地区。因此，茂租环块是巨厚的独立盖层沉积岩块在遥感影像上的显示。

2. 茂租环块是隐伏基底凹陷的影像地质形迹

茂租环块地层的分布和发育状况与其所处的特定的古地理条件密切相关，而古地理面貌改变的根本控制因素在于古构造。晋宁运动时期安宁河断裂、甘洛-小江断裂开始形成发展。在震旦纪至古生代两条断裂带具有同生断裂的性质，使黑水河、金沙江西侧为隆起区，广泛出露前震旦纪基底变质岩系，以东地区，成为构造沉陷带。茂租环块位于 NS-NW 向安宁河断裂带东侧构造沉陷带内，NS 向的甘洛-小江断裂带贯穿环块构造。同生断裂裂陷沉降过程中可造就一些局部的台盆（或台沟），即封闭、半封闭的“盆中盆”。这些局部的凹陷继承了前震旦纪基底隆起与凹陷的分布特征。局部的凹陷成为局部的沉积中心，最终形成巨厚的盖层沉积地块。可以推测，茂租环块是隐伏的基底凹陷区的影像地质形迹。环块边缘的“S”形和反“S”形断层、褶皱相互衔接形成透镜状的形态，反映了基底凹陷的形状，即盖层的褶皱轴线和断裂可能追随了基底凹陷的边缘分布。

3. 茂租环块是深大断裂带上的构造活跃区

甘洛-小江断裂带绵延数百千米，每一段的活动性是不均匀的，即具有分段性。茂租环块区域在澄江期火山活动强烈，巧家渭姑喷发中心即位于环块内。从晚震旦世至早古生代环块区一直为强烈下降的封闭-半封闭的沉陷区。在晚二叠世环块区又成为峨眉山玄武岩的喷溢中心区。两次火山喷发（喷溢）的中心都在环块区内茂租矿床的周围，直线距离仅十余千米。因此，推测茂租环块是甘洛-小江断裂带上长期存在、多次活动的一个构造活跃区。在此处断裂带向下延伸到上地幔，沟通了深部成矿源与浅部盖层之间的联系，有利于含矿流体沿断裂带上升进入潮坪环境，并在局限水体中沉积成矿（沈苏，1988）。茂租环块的外环带内密集的近 NS 向断褶带，断层、褶皱轴呈“S”形和反“S”形扭曲，也都反映了这一区域是构造变形和破碎异常带。

4. 茂租环块是地球化学异常块体

如前文所述，茂租环块区域 Pb-Zn 组合异常比周围高，规模大，浓集中心明显。此外，不仅含矿层普遍具有较高的铅锌丰度值，前人研究还表明，汉源至巧家、会东一带上震旦统灯影组铅锌矿的富集地段，与下震旦统澄江组火山岩的分布相吻合。茂租环块区内澄江期的中酸性流纹岩的铅锌丰度值都很高，Pb 为 $450×10^{-6}$～$650×10^{-6}$，Zn 为 $100×10^{-6}$～$600×10^{-6}$，Pb 的丰度系数最高，达 41，Zn 的丰度体系数为 10（沈苏，1988）。因此，茂租环块不仅是一个地层岩块，还是一个沿着甘洛-小江断裂带长期存在的地球化学异常块体，为铅锌矿床的形成储备了丰富的物源。

综上，茂租环块是一个独立构造单元，包括隐伏的基底凹陷与在其上沉积的巨厚地层岩块。在构造单元内部，地质构造活动具有长期性和继承性，对晚期的构造活动具有限制性。这一特征持续至今，影响了现代地形地貌、水系发育和植被分布。诸多因素在遥感影像上形成了综合的景观异常，显示为与周围 NE 向条纹条带景观不协调的 SN 轴向透镜状环块。环块的图形形迹反映了该地质异常区的空间位置、形态和边界。

1.4　彝良毛坪环块区遥感影像特征

1.4.1　研究区地质概况

云南彝良-贵州威宁地区地处滇川黔铅锌成矿域中东部，受多条区域性断裂带夹持，西侧为 NS 向昭通-曲靖隐伏断裂带，南侧及东侧受限于 NW 向垭都-紫云断裂带。区域出露地层有中志留统至下侏罗统间的各套地层，总厚 4400m（图 1-12～图 1-14）。

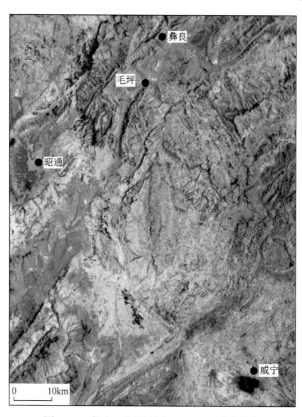

图 1-12　彝良-威宁地区 ETM653 遥感影像

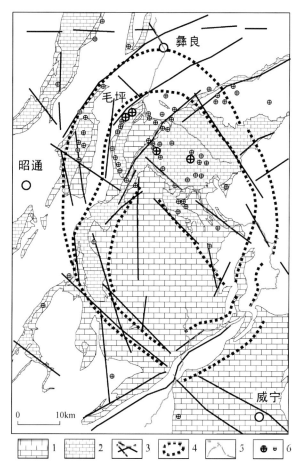

图 1-13　彝良-威宁地区地质简图

1. 石炭系；2. 泥盆系；3. 线性构造；4. 环块构造；5. 河流；6. 中、小型铅锌矿床（点）

受滇川黔成矿域构造格局影响，区内构造复杂，断裂发育，以密集的 NE 向构造带为主，NW 向构造带与之交切；褶皱构造在北部彝良地区与南部威宁地区不同，北部发育轴线弧形展布的紧密尖棱褶皱群，南部发育近 SN 轴向的宽缓的马踏向斜；区内岩浆活动为大量喷溢的晚二叠世早期玄武岩。已发现的矿床有长发硐、红尖山、洛泽河和龙街等 4 个中型铅锌（银）矿床和众多小型矿床及矿点。矿床类型主要为受地层控制的沉积改造型矿床，矿体主要赋存于上泥盆统宰格组粗晶白云岩中，其次为上石炭统白云岩、灰岩互层中。

1.4.2　彝良毛坪环块构造遥感影像特征及地质特征

在遥感影像上往往能见到以色调、纹理、水系、植被或以上综合因素显示出来的环形影像。其中具有地质成因的环形影像通常称为环形构造。若环形构造对应具有独立意义的地质构造块体时，可称之为环块构造，它反映了一个地质实体的存在。

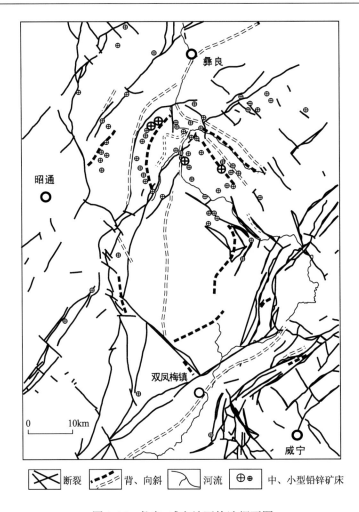

图 1-14　彝良-威宁地区构造纲要图

　　彝良毛坪环块位于云南彝良至贵州威宁以南一带，以多条弧形地层条纹条带、河谷、山脊线等联结围限形成一个 SN 轴向的椭圆状环形构造（图 1-12、图 1-15），环块处于 SN 向昭通-曲靖隐伏断裂带与 NW 向垭都-紫云断裂带和 NW 向威宁-水城断裂带夹持部位。椭圆状环块南北轴长 80km，东西宽 40km，被一条 NE 向和一条 NW 向断裂分为两部分，北部环块边界清晰，西北侧的环缘为一条沿着 NS-NE 向弧形断裂带发育的深切河谷，东北侧边界为 EW-NW 走向的弧形山脊线；其西南部边界为一条 NW-NS-NE 向的弧形色调异常带，带宽 5～6km，为一系列断裂带的综合显示；东南边界为宽 9km 左右的 NE-NS-NW 的弧形条纹条带，是这一区域密集的断裂褶皱带在图像上的反映。环块的中心区即洛泽河以南至双凤梅镇一带影像特征简单，色调及纹理都比较单调均一，是水平至缓倾斜细碎屑岩的特征。在 NW 向构造发育区，NE 向构造带与 NW 向构造带交切，截接部位组合成了"T"形、"X"形结点，同时将环块构造切割为多个菱格状小块体。

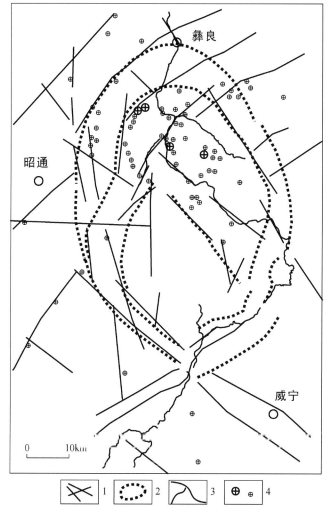

图 1-15　彝良毛坪环块构造解译图

1. 线性构造；2. 环块构造；3. 河流；4. 中、小型铅锌矿床（点）

毛坪环块南部地质上可与毛坪-马踏 NS 向复式向斜对应（图 1-14），向斜的南部是 SN 轴向的简单宽缓的马踏向斜，北部毛坪一带成为复杂的复式向斜，其两翼发育众多的次级褶皱，褶皱轴向从环块南端呈 NW-NS-NE-NW-NS-NE 顺序逐渐偏转，与环块构造协调展布。在环块外侧褶皱轴向、断裂和地层走向均以 NE 向为主，和环块构造组成"S"形结构。

1.4.3　彝良毛坪环块与毛坪-龙街 Pb-Zn 组合异常带耦合

同巧家茂租环块构造相似，在区域性的 NE 向和 NW 向铅锌地球化学异常带构成的网格状格局中，在彝良毛坪环块构造发育的地区，Pb-Zn 组合异常带比周围地区规模大、浓集中心突出、梯度变化明显（图 1-16）。环块构造地区的铅锌地球化学异常主要分布于环块的第二环层，可分为两个带：东部的 NW 向毛坪-龙街带和西部的近 SN 向弧形盘河-毛坪带。两带相交于长发硐至洛泽河一带，并以长发硐—龙街镇一线即复式向斜轴部为

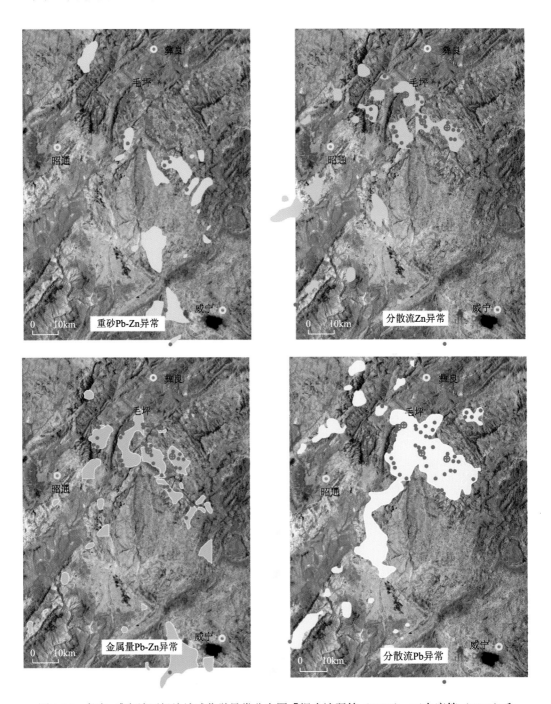

图 1-16　彝良-威宁地区铅锌地球化学异常分布图［据史清琴等（1976）、王自廉等（1978）和贵州省地质局（1973）整理］

中线对称分布。但前者异常范围大且强度高，带内已发现长发碉等 4 个大中型矿床；后者区域内只有多个矿点发现。

彝良毛坪环块与其东部巧家茂租矿化集中区之间有 4 条 NE 向铅锌地球化学异常带（图 1-17），异常强度相对较低且不连续，呈串珠状展布，带内除火德红小型铅锌（银）矿床外，少有矿化发现。

1.4.4　彝良毛坪环块构造区的岩相古地理条件

滇川黔成矿域铅锌（银）矿床层控特征明显，彝良毛坪环块内的铅锌（银）矿床主要产于上泥盆统白云岩，其次是中石炭统威宁组白云岩。岩相古地理研究认为（图 1-18），此时期滇东北-黔西北地区的古地理环境为陆表海环境，含矿地层为泥盆纪—石炭纪的凹陷带闭塞台地相的镁质碳酸盐岩，其沉积中心位于彝良—威宁以西一线，沉积厚度 >800m（云南省地质矿产局，1995）。在晚石炭世岩相古地理图上，闭塞台地相的镁质碳酸盐岩沉积范围呈 SN 向条带状，毛坪环块位于其沉积中心。

1.4.5　彝良毛坪环块构造成因探析

彝良毛坪环块西侧为 NS 向隐伏昭通-曲靖断裂带，东侧为 NW 向紫云-垭都断裂带，二者具有同生断裂特征。在晚泥盆世—早石炭世，该区拗陷中心位于彝良—威宁一带。毛坪环块所在位置，沉积了厚度大于 800m 的泥盆系白云岩，泥盆系和石炭系的厚度总和为 2675m。

而在 NW 向紫云-垭都-水城断裂带的东侧，这些地层都缺失。环块构造是滇川黔成矿域在晚泥盆世—上石炭世时期的拗陷中心范围在遥感影像上的显示。前人研究认为，该处拗陷中心是受 NW 向紫云-垭都断裂带控制，彝良毛坪环块构造的 NS 轴向透镜体形态特征说明，在拗陷中心的形成发展过程中 NS 向的同生断裂带可能起着更重要的作用。

环块构造形成之后，在其后历次的构造运动中一直为稳定独立的地块，其边缘受构造应力作用形成密集的断褶带，轴向或走向为弧形，围绕着环块构造顺序旋转。在环块构造外与 NE 向断褶带相连接形成 "S" 形结构。受到基底构造控制和影响的生长断裂沟通了深部成矿源与盖层之间的联系，含矿热卤水从深部不断流入海盆，在拗陷中心浓集，并在环块构造外环层——密集的断褶带区沉积成矿，而环块中部断裂裂隙不发育，并不利于成矿。

1.5　SN 向透镜状环块构造的地质意义

矿床总是赋存于特殊的地质单元或构造部位，往往会形成异常的影像特征而与周边背景相区别，而这可以从遥感影像上检测到（USGS，1998）。区域影像背景中如果出现局部影像异常，则反映了区域性地物场中存在地物异常区。影像特征的差异可能反映了研究区的地质体和地质现象的差异，存在区别于背景的一定空间范围和地质时代的地质异常。环块构造是受地质因素控制而形成的地质异常体在遥感影像上的显示，属于遥感影像地质异常之一。

　　巧家茂租环块构造为滇川黔成矿域震旦纪—早古生代的拗陷单元在遥感影像上的显示，此时彝良毛坪环块地区处于相对浅海地区（图1-9）；彝良毛坪环块构造是该区在晚泥盆世—上石炭世时期的拗陷中心范围在遥感影像上的显示，此时茂租环块区处于浅海区（图1-18）。SN 轴向透镜状环块构造反映了滇川黔成矿域长期的沉积拗陷构造单元及巨厚的碳酸盐岩岩块体。环块构造紧邻长期活动的 NS 向和 NW 向深大断裂带，EW 向隐伏的基底构造带与之横交，NE 向构造带再次叠加其上，使环块区域处于长期构造活跃部位，热源、矿源丰富，是成矿物质富集和就位的空间场所或通道，在多组构造交切地带最有利于矿化作用发生。在两个环块之间，大中型的矿床至今不曾发现，铅锌的地球化学异常值也很低（图1-17）。

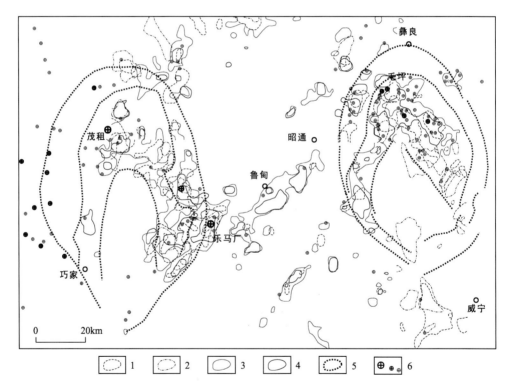

图 1-17　巧家-彝良-威宁地区铅锌地球化学异常分布图［据胡炎基等（1965）、王茂良（1966）、
史清琴等（1976）、赵应龙等（1978）、王自廉等（1978）、贵州省地质局（1973）及
王峰等（2013）和崔银亮（2013）资料综合整理］

1. 金属量 Pb、Zn 异常；2. 重砂 Pb、Zn 异常；3. 分散流 Pb 异常；4. 分散流 Zn 异常；5. 环块构造；
6. 大、中、小型铅锌矿床（点）

　　滇川黔成矿域的基底具有双层结构，下部为吕梁期的结晶基底，下部为晋宁期的褶皱基底。基底的构造线方向为 EW 向，不整合于震旦系地层之下。基底的隆起或拗陷对于后

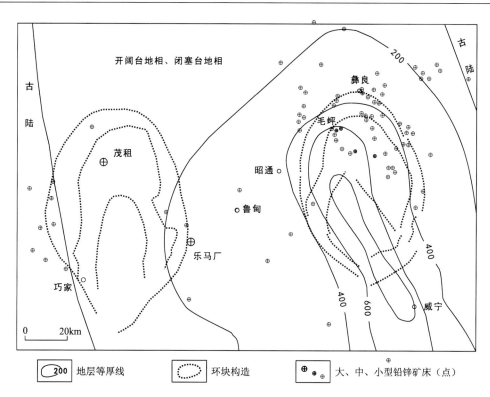

图 1-18　巧家-彝良-威宁地区晚泥盆世岩相古地理及环块构造图［岩相古地理资料据云南省
地质矿产局（1995）］

期沉积作用有重要的控制作用。环块边缘的"S"形和反"S"形断层、褶皱相衔接形成
透镜状的形态,反映了基底的形状,即盖层的褶皱轴线和断裂可能追随了基底的边缘分布。
褶皱、断裂发生同步转弯反映其形成时还受到隐伏的 EW 走向基底构造带的阻挡,褶皱出
现倒转或形成拖拽背斜。

受到基底构造控制和影响的同生断裂沟通了深部成矿源与盖层之间的联系,含矿热卤
水从深部不断流入海盆,在拗陷中心浓集,并在环块构造外环层——密集的断褶带区内不
同方向褶皱、断裂的交汇部位及近 SN 向与近 EW 向构造的交汇点富集成矿,而在环块中
部褶皱形态正常,断裂裂隙不发育,并不利于成矿。一般认为,滇川黔成矿域内铅锌矿化
呈线状分布,沿 NS 向断裂或 NE 向断裂分布。但需注意的是,矿化沿带状分布并不均匀,
而是具有分段性。只有在构造长期活跃、含矿地层巨厚沉积且有封闭空间的地段才有利于
成矿,而环块构造就显示了这一有利成矿地段的空间地理位置。对滇川黔成矿域遥感特征
研究发现,环块在该区具有一定的普遍意义,并不孤立存在。除了本书介绍的巧家茂租环
块和彝良毛坪环块外,在滇川黔成矿域还存在多个相似特征的环块构造,如小江断裂带东
侧的东川铜矿区与西侧的金牛厂-以则铅锌矿成矿区,在遥感影像上综合显示为一个 SN
轴向的透镜体,被小江断裂带穿切为东西两部分,西侧为东川铜成矿区,东侧为铅锌成矿
区。该透镜体的地质特征为一个轴向近 SN 向的复式背斜,该背斜在东部金牛厂一带发生
转弯,即为 NE 轴向的金牛厂背斜。

　　对环块构造的研究还进一步提供了圈定找矿靶区的解译标志，即较好的矿化形成于SN 轴向透镜状环块构造的外环带。外环带紧闭的"S"形和反"S"形断褶带，可能追随了基底凹陷的边缘分布。这一转换部位属于地球化学边界，断裂发育，利于金属元素的运移和沉积。据此推论，SN 轴向透镜状环块构造可作为在广大的滇川黔接壤区铅锌矿床的遥感找矿标志。

　　另外，茂租环块与毛坪环块之间还存在一个规模相近的环形构造——昭通现代拗陷盆地。昭通盆地是由拉伸、挤压与走滑三种构造应力场之间的组合和过渡活动机制形成的，属走滑-断拗型盆地，盆地缓速沉降，处于基底继承性活动向斜构造或盆内弱活动同沉积断裂构造之上。

　　以上情况说明，在小江断裂带至紫云-垭都断裂带之间长期存在有一个 EW 向的大型沉降带，沉降的中心在不断地转移。罗惠麟等（1982）通过古地理研究认为，在滇川黔地区存在三条 EW 向断裂带，分别是盐源-毕节-大庸断裂带、鹤庆-渡口-沅陵断裂带和邓川-贵阳-新晃断裂带。茂租矿床和毛坪矿床处于盐源-毕节-大庸断裂带上。所以近 EW 向构造基底构造与盖层深大断裂带交汇处的拗陷沉降中心对滇川黔成矿域铅锌矿床定位的影响值得重视。

1.6　茂租铅锌矿床遥感影像特征

　　茂租环块内最典型的铅锌矿床为茂租大型矿床，在其东侧为中型的东坪铅锌矿床。传统地质研究认为，茂租矿床和东坪矿床处于 NNE 向的茂租逆断层和 NE 向的臭水井断层挟持的三角形地块内（图 1-19），将其作为一个独立的单元进行研究。但在遥感影像（图1-20、图 1-21）、数字高程模型（DEM）图像（图 1-22）及地势图像（图 1-23）上，以及据三种图像（数据）提取的水系解译图（图 1-24）上，清晰显示从茂租、东坪至小河地区存在一个环形构造，可称之为茂租-东坪环，目前已发现的矿床均位于该环体之内。茂租-东坪环色调比周围浅，影纹细碎，环体边界清晰，北侧及东侧环缘分别为弧形的金沙江和牛栏江河谷，西侧是弧形的茂租断层，南侧是断续的、总体呈弧形展布的河谷。

1.6.1　茂租-东坪环影像特征及地质意义

　　根据地质资料分析，茂租-东坪环体西部处于金阳背斜向南倾没部位，东部环体处于药山向斜向北的扬起端；其内部的小型环形构造可与一些次级的褶皱相对应。已发现的矿床均位于这些小型的环形构造内。

　　茂租-东坪环形构造近似等轴状，被 NE 向的臭水井断层切割为两部分，东南半环呈半圆状，直径 22km，在 ETM452 遥感影像上显示为橙色夹杂浅蓝-青色碎斑，橙色区域为密集树枝状水系纹理，浅蓝-青色区域色调更浅，纹理光滑均匀，水系稀疏（图 1-20）。并且二者常形成橙色环带包围浅蓝-青色区域形成很多小型的次级环形构造。半环内水系整体呈撒开状，山脊线也呈放射状。

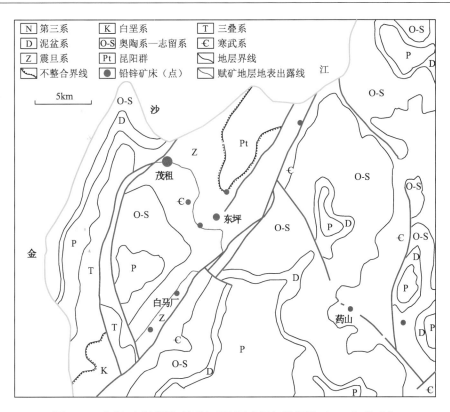

图 1-19 茂租-东坪铅锌矿区地质简图 [据贺胜辉等（2006）修改]

图 1-20 茂租-东坪铅锌矿区 ETM452 遥感影像

图 1-21 茂租-东坪环形构造解译图［采矿区资料据巧家县国土资源局（2009）］

Ⅰ茂租采矿区；Ⅱ东坪采矿区；Ⅲ小河采矿区；Ⅳ白马厂采矿区

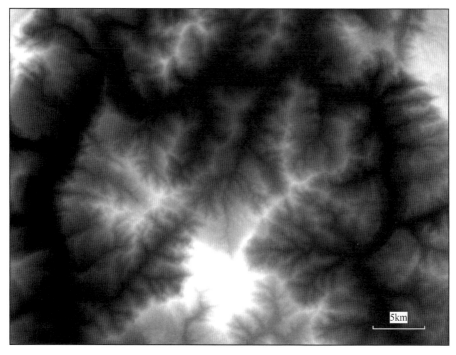

图 1-22 茂租-东坪地区 DEM 图

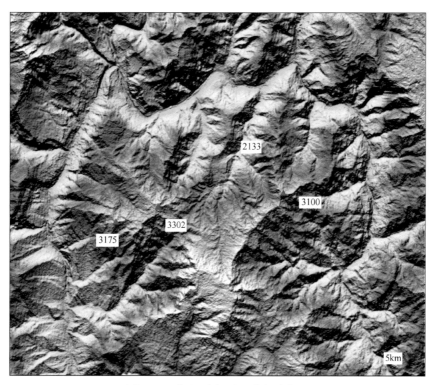

图 1-23　茂租-东坪地区彩色地势图

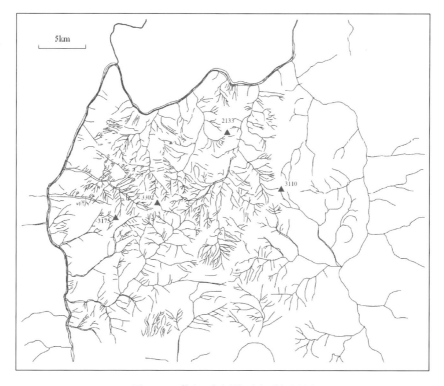

图 1-24　茂租-东坪地区水系解译图

西半环呈月牙状，弦长27km，与东半环二者在西南端是错开的，似是西半环被错移并拓宽。西半环体水系整体也是撒开状，与另一半环内的水系组合形成放射状水系特征。西半环又被 NW 向线性色调界面分为两部分，东北部块体与东半环影像特征相近，而西南部块体色调则大不同，显示为黄绿色夹杂浅蓝色、粉色碎点，块体内部发育格状水系，总体海拔高度比环体的其他区域都高，河谷最低处海拔 2000m，最高峰海拔 3302m；而东北部块体河谷海拔仅为 1000m，最高峰海拔 2133m，说明 NW 向的线性色调界面可能是隐伏的断裂带，并发生升降运动，使西南部块体抬升近千米；在半环最高峰海拔有 3110m（图 1-23、图 1-24）。茂租矿床采矿区及东坪矿床三个采矿区位于西半环的东北部地块内，小河矿床的采矿区位于东半环，另有三个采矿区位于两部分环体的分界面即臭水井断层带上。处于勘探阶段的白马厂矿区位于西半环的西南部地块。

1.6.2 东西向线性构造带的影像痕迹

在茂租环块的遥感影像及地势地貌图上可观察到多条EW向的直线状沟谷横切SN轴向的环块，在一些增强处理的遥感影像上可以看到一些近 EW 向的细纹条带，清晰度不如大梁子矿区（王瑞雪，2015），但确实是存在的。已知的矿化均位于灯影组地层与近 EW 向线性构造带的交汇部位（图 1-25）。茂租环块区内的断裂、褶皱受到基底隐伏的近 EW 向构造的影响，常发生"S"形的弯转现象，对该区矿化的控制也是明显的。

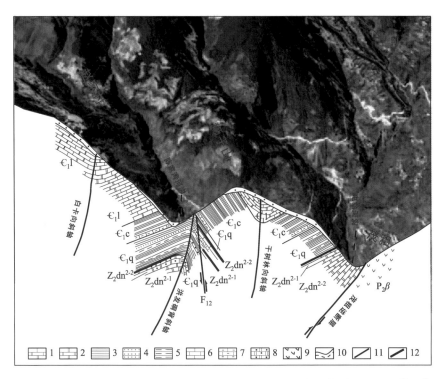

图 1-25　茂租矿区遥感三维景观及剖面示意图 [剖面图据贺胜辉等（2006）修改]

1. 白云质灰岩；2. 白云岩；3. 页岩；4. 砂岩；5. 泥岩；6. 灰岩；7. 泥质灰岩；
8. 含角砾白云岩；9. 玄武岩；10. 实测及推测地质界线；11. 断层；12. 铅-锌矿体

1.6.3　茂租矿床高分辨率图像特征

1. 茂租矿床及外围地区影像特征

茂租矿区出露上震旦统灯影组含燧石硅质白云岩、白云岩，下寒武统渔户村组含磷灰岩、筇竹寺组黑色页岩、砂页岩（图 1-25、图 1-26）。灯影组顶部含矿层可分上、下两层，下含矿层为含燧石条带硅质石云岩，顶界以燧石砾岩层与上含矿层分界，本层厚 21m。矿化多集中于砾岩层之下 13m 范围内；上含矿层为深灰色细-粗粒白云岩，厚 18～28m，其上为渔户村组黑色磷灰岩。

矿区为一组 NE 向的背、向斜构造，向斜宽缓，背斜北西翼陡，南东翼缓。上含矿层为主矿层，矿区内共圈出 4 个主要矿体，单个矿体长 440～850m，延伸 221～725m，最大厚度 6.24～11.06m，平均 2.60～5.09m。矿体呈层状、似层状，透镜状，产状与围岩一致。下含矿层有 5 个扁豆状矿体，单个矿体长 240～930m，宽 45～346m，最大厚度 1.73～2.94m（崔银亮，2011）。

（1）EW 向节理裂隙带。茂租大型铅锌矿床整个矿区地形较为陡峻，悬崖广布，岩层缓倾，节理裂隙发育。区内构造线方位以近 SN 向为主，但在遥感影像上可见 EW 向沟谷密集，呈 60～70m 的间距等距发育，与 SN 向的主水系组成格状水系格局。另有 NE 向的直线状侵蚀沟谷，与 EW 向沟谷相交，形成菱格状纹理。沟谷深切，"V" 形横剖面，沟谷岸坡较低处植被稀疏，影纹光滑均匀，水系稀疏。山坡及山顶植被生长较好，有较高大的植被覆盖，一些山坡被改造为农田。

（2）环形构造发育。茂租矿床及其外围地区环形构造非常发育，环体规模从数千米至数十米均有，形成复杂的环形构造群。这些环形构造呈等轴状，边界为弧形的水系，如茂租矿床（图 1-26），弧形山脊线（如茂租南部的文家村一带）或二者兼具，如茂租外围白卡、火山矿床（图 1-27），这与该区近 SN 向的长轴褶皱格局有所不同，是这些褶皱局部

图 1-26　茂租矿床环形构造　　　　　　　　图 1-27　茂租火山矿床环形构造

的次级褶皱、挠曲等构造在遥感影像上的反映。同时，环形构造发育区域，其裸露的山体色调往往较深，在模拟真彩色图像上显示出褐铁矿化的深棕褐色至棕黄色，前者如茂租矿床，后者如火山矿床。

2. 白马厂远景区

茂租矿区经过几十年开采，地表的矿化露头和信息破坏严重，故选取处于勘探阶段的白马厂地区进行微地貌等观察分析。白马厂远景区位于茂租矿床南部 3.5km，范围约 76km^2，白马厂远景区出露地层与茂租矿床区出露的地层基本一致，含矿地层基本上都是上震旦统灯影组，岩性一致。该区主要构造为一个轴向 NE 向的背斜，背斜轴部被同为 NE 向臭水井断层切穿。

白马厂远景区处于一个较有利的线-环构造区域（图 1-28、图 1-29）。矿区的主体构造为一直径 5km 的等轴状环形构造，并且被 NE 向的臭水井断裂切割，形成"Φ"形结构。推测该环体为 NE 轴向背斜的局部次级褶皱在影像上的显示，环体的外环缘是环形的山脊线，内环体是弧形的沟谷。山脊与沟谷之间的山坡显示为水系类型、色调、和微地貌显示的弧形地层条带，较高处山坡发育密集的树枝状水系，色调较深，地层为红石崖组（O_1h）砂岩夹页岩；更低处山坡为中寒武统西王庙组（$\mathfrak{C}_2x$）灰质白云岩、粉砂质泥岩和筇竹寺组（$\mathfrak{C}_1q$）黑色泥质页岩、泥岩夹石英砂岩，水系变为密度中等的树枝状水系，靠近河谷低洼处为水系稀疏，色调浅的灯影组白云岩地层，水系类型已变为格状水系。

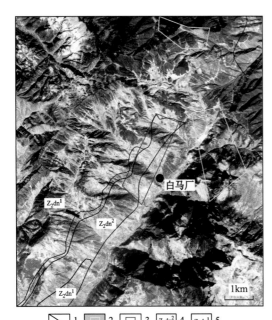

图 1-28　白马厂勘查区 WorldView2-532 遥感影像

1. 地层界线；2. 采矿权范围；3. 野外检查区；
4. 灯影组上段；5. 灯影组下段

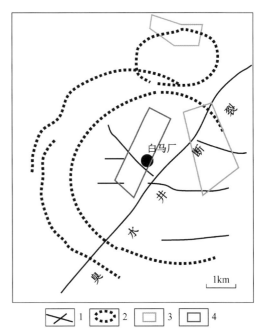

图 1-29　白马厂铅锌矿区线-环构造纲要图

1. 线性构造；2. 环形构造；3. 采矿权范围；4. 野外检查区

　　环体被切割成的两个半环内线性构造方位不同：西北半环内较大的线性构造为 NW 向，其次为 EW 向的线性构造，NNE 向线性构造规模较小但发育密集。东南半环体的主要构造 EW 向的线性构造，规模大，控制了水系山脉的走向；其次是 NW 向（经检查实为地层界线），少量 NE 向线性构造。东南半环不完整，东部被二叠系峨眉山玄武岩覆盖。

　　远景区内最有利成矿地段是环体中心多方位构造交汇处、环与线的两个构造结点位置，其中东部的结点位置已经有矿化发现并已开采。本次野外检查选择环体中心灯影组地层出露区域（图 1-28）。野外调查结果显示，这一区域有较多已废弃的采矿老硐。已知脉状矿（化）体均受近 NS 向、NW 向压扭性断裂及其旁侧层间破碎带控制，反映近 NS 向断裂带、层间破碎带和旁侧羽状断裂是区内铅锌矿的有利容矿空间和成矿定位场所（图 1-30～图 1-33）。从微地貌观察，这些破碎带抗风化能力较周边正常岩体弱，容易形成槽状的负地形，破碎带越宽越明显（图 1-32 中 AB 两点间的地形剖面图），即使有坡积物等覆盖遮挡，地形特征也不会被遮挡。利用遥感影像结合 DEM 可以发现这一特征，这种现象在彝良毛坪矿床更为明显。

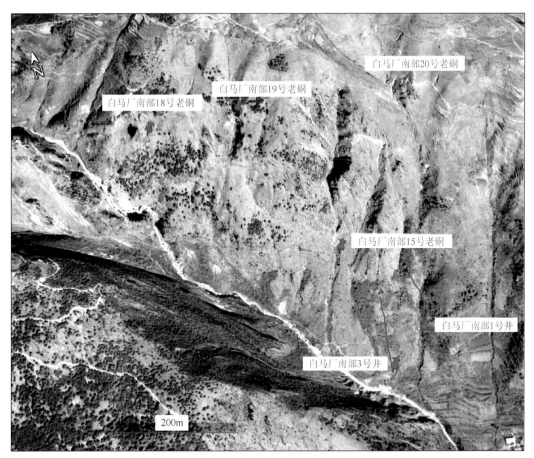

图 1-30　白马厂铅锌矿勘查区南部老硐集中区遥感三维景观及老硐分布图

图像源自 Google Earth，红色线为巷道投影

图 1-31　白马厂铅锌矿勘查区南部老硐集中区野外照片

镜向 WN，地表土壤为黄褐色的褐铁矿化

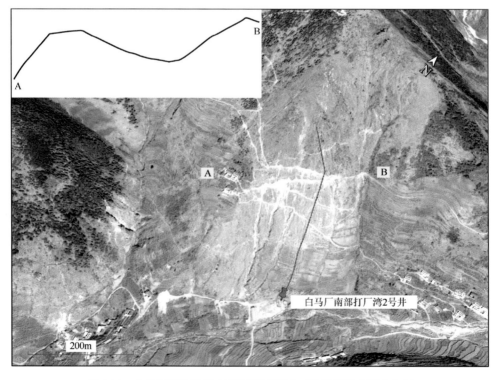

图 1-32　白马厂铅锌矿区南部打厂湾遥感三维景观及老硐分布图

图像源自 Google Earth，红色线为巷道投影，左上角为 AB 两点间的地形剖面图

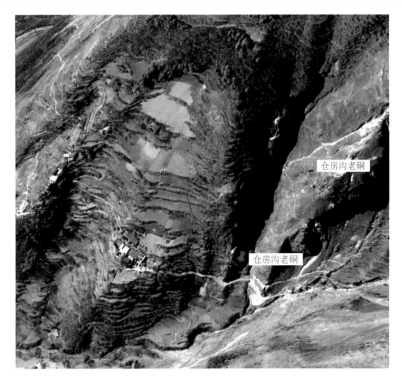

图 1-33　白马厂铅锌矿区南部仓房沟遥感三维景观及老硐分布图

图像源自 Google Earth，红色线为巷道投影

1.7　毛坪铅锌矿田遥感影像特征

1.7.1　矿田地质概况

　　毛坪铅锌矿田包括毛坪、放马坝、洛泽河及龙街等铅锌矿床（点），矿区出露地层以古生界为主，其他地层均在外围分布。地层从老到新依次为上泥盆统（D_3）、下石炭统（C_1）、中石炭统（C_2）、二叠系（P）及第四系（Q）。除下石炭统万寿山组（C_1w）和下二叠统梁山组（P_1l）为含煤碎屑岩系外，其他均为碳酸盐岩建造，多为含矿岩系。

　　矿田内构造以 NE 向和 NW 向为主（图 1-34）。NE 向构造以猫猫山倒转背斜、毛坪断裂、放马坝断裂、洛泽河断裂为主；NW 向构造以龙街断裂为代表。区内由东向西发育石门坎背斜（或称猫猫山背斜、毛坪背斜，区域上又称花苗寨背斜）等几个 NE 向的背、向斜，其中石门坎背斜是区内主干构造，也是主要的控矿构造。其总体为一斜卧褶皱，长约 20km，宽约 19km，为一短轴背斜。核部最老地层为泥盆系，两翼分别为石炭系、二叠系等，具有西翼倒转、两端倾没的特征，其 NE 端地层倒转，并倾伏于长发硐一带，近轴部发育层间断裂，主矿区即处于该背斜北部倾伏端。南东翼地层产状平缓，倾向 SE，而北西翼地层产状直立或倒转，总体倾向 SE，倾角 40°～85°，在 850m 标高以下逐渐转为倾向 NW。同时，西翼地层受 NW、SE 方向应力挤压形变强烈，层间挤压滑动、剥离构造、节理、裂隙发育，地层厚度变化悬殊，在一定层位的层间挤压滑动、剥离、剪切裂隙发育空间以及

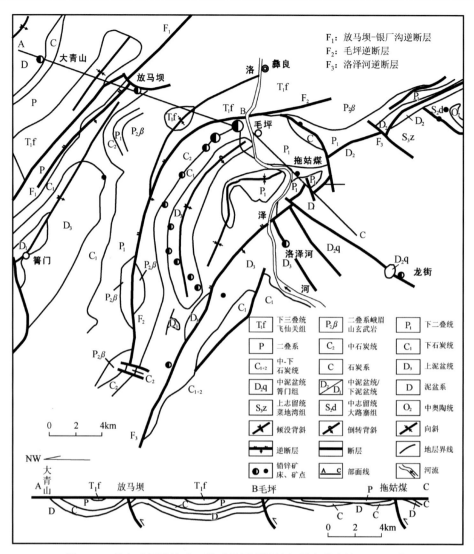

图1-34　彝良毛坪铅锌矿田地质简图［据柳贺昌和林文达（1999）］

地层发生弯曲转折的突出部位，常形成规模较大的工业矿体（周高明和李本禄，2005）。

　　NE向断层组属压扭性断裂，位于洛泽河北东岸，具有由SE向NW挤压逆冲推覆的特征。其走向在背斜北西翼与岩层走向一致，多为层间断层，而在南东翼与岩层大角度斜交；倾向SE，倾角60°～85°，断层规模不大；NW向断层规模也较小，为压扭性逆断层，其走向在背斜北西翼与岩层走向大角度斜交，而在南东翼与岩层走向基本一致，多为层间断层。另外，区内可见近NS向和近EW向断层发育，但规模不大。

1.7.2　毛坪矿床微水系、微地貌的信息

　　彝良毛坪铅锌矿田北部的毛坪矿床（红尖山、长发硐）受控于猫猫山倒转背斜北部的倾伏端，倒转背斜两翼的地层岩性为白云岩和灰岩，但矿区没有形成喀斯特地貌，而是形

成高大的长条状山系,河谷两岸为陡崖峭壁(图 1-35),河谷(最低海拔 902m)与山脊(最高峰海拔 2659m)相对高差可达 1757m 之多,植被覆盖较好(图 1-36、图 1-37)。遥感影像上显示为遭受强烈硅化形成坚硬、抗风化能力强的硅化带的图像特征——梳状、格状-树枝状水系影纹图案,沟谷切割极深,横剖面呈"V"形(图 1-35)。其上覆的下石炭统地层形成直线状微地貌水系花纹条带,显示地层产状近于直立(图 1-38)。在矿化较差的猫猫山背斜的东翼,岩层产状缓倾斜,图像上显示典型的岩溶地貌图形特征,相对高差小,发育数米至数十米高的峰林峰从(图 1-39),稀疏的星状水系,沟谷较宽,往往见坡立谷,谷底有农田。东翼整体为浅色调,植被覆盖较差。汪旋(2010)野外调查研究也发现,在背斜西翼地层产状直立或倒转,厚度变化悬殊。垂向上,显示出地层厚度越

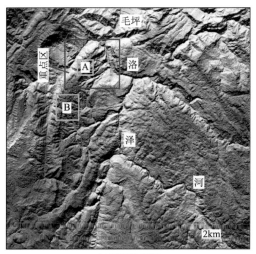

(a) 矿区地貌图　　　　　　　(b) 重点区水系及矿坑口分布图

图 1-35　彝良毛坪铅锌矿床地貌-水系图

●矿床　●矿(化)点

图 1-36　彝良毛坪矿床 ETM543 遥感影像

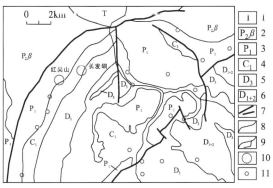

图 1-37　毛坪矿床地质简图

1. 三叠系砂岩; 2. 二叠系峨眉山玄武岩; 3. 下二叠统灰岩-白云岩; 4. 下石炭统灰岩-白云岩; 5. 上泥盆统灰岩-白云岩; 6. 中、下泥盆统灰岩-砂岩-页岩; 7. 断层; 8. 地层界线; 9. 河流; 10. 矿床; 11. 矿(化)点

薄矿体厚度越大、品位越富的突出特征；水平方向上，沿地层走向发生弯曲（转折）突出的部位，该特征更明显。而东翼地层产状相对平缓，厚度稳定，矿化反而较差。

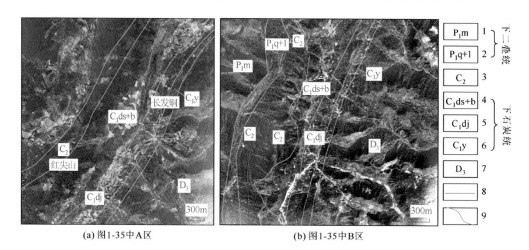

(a) 图1-35中A区　　　　　　　　　　　　　　(b) 图1-35中B区

图 1-38　重点区 QuickBird321 遥感影像及地层解译图

1. 茅口组灰岩、白云岩；2. 栖霞组、梁山组并层砂岩、页岩；3. 中石炭统灰岩；4. 上司段和摆佐组并层灰岩、白云岩；
5. 旧司段砂岩、页岩；6. 岩关阶：含燧石白云岩、灰岩；7. 上泥盆统白云岩、灰岩；8. 断层；9. 地层界线

图 1-39　猫猫山背斜东翼岩溶地貌影像（QuikBird321）

　　对毛坪矿床的遥感影像及三维立体景观研究还发现，铅锌矿体的产出明显受控于断裂破碎带及层间破碎带，在猫猫山倒转背斜西翼形成的陡坡上发育一系列的近 EW 向槽状负地形（图1-40），一般宽 100～200m，等间距发育，在多数槽状地形的下部都有采矿坑口（图1-35、图1-41）。在四川大梁子矿床的研究中发现类似现象（王瑞雪，2015），可以作为滇川黔成矿域铅锌矿床的遥感找矿标志之一。

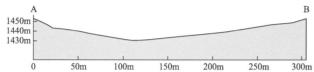

图 1-40　毛坪铅锌矿某近 EW 向槽状负地形三维影像及剖面图

图像源自 Google Earth

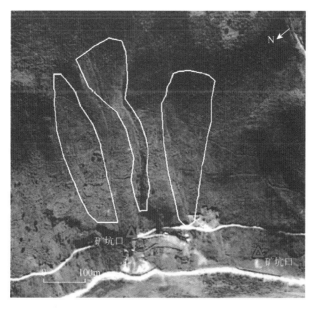

图 1-41　槽状负地形与下部的采矿坑口三维影像

图像源自 Google Earth

1.8　含矿碳酸盐岩遥感解译探讨

地物对不同波长的电磁辐射具有不同反射或发射能力,传感器将接收到的电磁辐射经过量化分级处理记录为亮度值。在有 n 个波段的图像中,任一个像元 A 具有 n 个亮度值(属性值),与在地表实测的地物光谱特征二者之间是映射关系。实测地物光谱特性一般用一条连续曲线表示,称为地物光谱特征曲线。根据图像上像元 A 在 n 个波段的亮度值也可形成一条曲线,称之为地物的波谱响应曲线。这二者的变化趋势是一致的,可反映这一像元所对应地物电磁辐射特征。地物在多波段图像上特有的这种波谱响应就是地物光谱特征的判读标志,是地物电磁辐射特征在微观层次的显示,即通常所指的光谱特征的含义。

每一个像元基于其在某波段的亮度值,在该波段图像上显示为不同灰度(色彩组合处理后显示为不同色彩)的栅格,多个相邻的栅格组合在一起显示出一定的几何图形和纹理图案,显示出地物电磁辐射强度在平面的分布规律,可以称为地物的图形特征或空间几何特征,这是地物电磁辐射特征在宏观层次的显示,包括地质体和地貌的色调(色彩)、形态、大小、纹理、水系类型、格局、位置及与周围的关系等,是遥感影像目视解译的判读标志。解译人员据此不仅可判断出地表出露的地层岩性,还可根据地质学专业知识进行推测与判断岩层结构、产状和构造部位等地质信息(Gupta,2003;Rajesh,2004;杨世瑜和王瑞雪,2003)。

计算机自动识别和分类的主要依据是物体的光谱特性,图像上的其他信息如大小、形状、纹理等标志尚未被充分利用。利用光谱特征识别地物并进行计算机解译运算,具有迅速、效率高等特点,在植被稀少、人为影响较弱、岩石裸露率高的地区效果较佳,现已探索出了较成熟的多光谱和高光谱岩性信息提取方法(Abrams and Hook,1995;Ruiz-Armenta and Prol-Ledesma,1998;Rowan and Mars,2003;Crowley et al.,2001;Kruse et al.,2003;高万里等,2010;吕凤军等,2009;周可法等,2008;张兵等,2008)。在土壤较厚、植被较发育、岩石露头少的地区由于存在同谱异物、异物同谱、混合像元以及环境的影响,仅依靠光谱特性的解译标志具有很大的不确定性,开展岩性识别的效果有待提高。此外,目前利用光谱特征解译岩性的技术还不能提供岩层结构、产状和构造部位等更为复杂的地质信息。但在滇川黔成矿域铅锌(银)矿床研究中,岩层结构和构造等地质信息显得特别重要,因为碳酸盐岩在该区广泛分布,但只有在特殊构造部位的碳酸盐岩才有可能成为赋矿和富矿围岩。在该地区的遥感找矿研究中,需要能通过遥感影像特征获得地质构造、岩层产状等复杂的地质特征,才有利于将含矿碳酸盐岩从非矿碳酸盐岩背景中区别出来。

1.8.1　滇川黔成矿域铅锌(银)矿床围岩蚀变特征

滇川黔成矿域铅锌(银)矿化常伴有近矿围岩蚀变,蚀变强度较弱,但分布较广。不同时代含矿围岩中的蚀变强弱和类型基本相同。容矿层的褪色化和重结晶现象在成矿域内较普遍。其次可见硅化、黄铁矿化、重晶石化、萤石化和铁锰碳酸盐化等。褪色化是指白云岩或白云质灰岩从不同的深色变为乳白、米黄、黄色、褐色及肉红等浅色,即 Fe^{3+}(细粒或粉状赤铁矿）变为 Fe^{2+}（不同粒度的黄铁矿）的染色或铁锰碳酸盐化。铅锌（银）矿体、矿化只出现在 Fe^{2+} 的一侧，Fe^{3+} 的一侧无矿化。重结晶是指白云岩的粒度增大，同时岩石的碳酸盐粒屑亦可全部重结晶。重结晶白云岩明显可见孔隙度增高、孔隙增大的现象。围岩空隙率的提高，使岩石脆性变大，受力碎裂，为其后溶蚀、充填及交代成矿提供空间。黄铁矿也可做为近矿蚀变标志。但这一地区碳酸盐岩中黄铁矿的形成具有成岩期、成岩后期、成矿期和成矿后期等多个期次，不同期次黄铁矿的空间关系不易区分。

1.8.2　利用光谱特征提取铅锌（银）矿床围岩蚀变信息的不足

目前，对滇川黔成矿域碳酸盐岩的解译集中于两方面：利用各种计算机分类方法圈定其分布范围，并利用光谱特征提取蚀变信息异常（张云峰等，2007；莫源富和奚小双，2010；刘超群，2007；崔银亮，2011；李文昌，2009）。如前文所述，滇川黔成矿域铅锌（银）矿床最普遍的围岩蚀变为重结晶、硅化、重晶石化、萤石化、褪色化、黄铁矿化和铁锰碳酸盐化。现阶段在滇川黔成矿域已开展的提取围岩蚀变信息的方法是利用多波段遥感数据基于光谱特征提取其羟基（泥化）、碳酸盐化和铁化信息。利用光谱特征的变异尚不能判断地层岩性结构、构造变化信息，还存在一些需要慎重考虑的问题。

1. 羟基异常

根据遥感影像光谱特征提取羟基异常，目的是提取与含羟基离子（OH^-）热液蚀变矿物相关的蚀变信息。羟基异常主要反映高岭石化、蒙脱石化、绿泥石化、绢云母化等蚀变岩石。但是在滇川黔成矿域的铅锌矿床中此类蚀变普遍较为微弱，反而是碳酸盐岩风化壳内黏土矿物含量较高（主要矿物成分为高岭石和埃洛石）（万国江，1995）。另外在一些沟谷地区的岩石、土壤由于含水量较高，也会对提取羟基异常产生干扰。以上原因导致此类信息中往往含有大量的假异常信息。

2. 碳酸盐化异常

滇川黔成矿域的铅锌矿床成矿围岩是碳酸盐岩，同时围岩蚀变也存在一定的碳酸盐化，主要是白云石化、方解石化以及铁锰碳酸盐化。如果围岩是火山岩或砂岩等其他岩性的岩石，碳酸盐化是非常好的、明显区别于围岩的蚀变信息，不论在地表观测还是光谱特征上都有不凡的表现；但对于围岩也为碳酸盐岩的矿化再提取碳酸盐化信息，这一特征还需慎用。此外，由于 TM/ETM$^+$ 和 ASTER 等常用的遥感影像中红外、热红外的波段范围较宽，不能将（OH^-）和（CO_3^{2-}）引起的反射峰或吸收谷完全区别开。

3. 铁染异常信息

目前在滇川黔成矿域铅锌矿床遥感地质研究中通常会提取铁染异常信息，目的是提取与含 Fe^{2+} 或 Fe^{3+} 矿物相关的围岩蚀变信息，如利用 ETM3/1 识别褐铁矿等 Fe^{3+} 的信息，利用 ETM5/4 识别黄铁矿等 Fe^{2+} 类矿物，利用 ETM3/1、ETM5/4、ETM5/7 综合反映铁染类蚀变异常信息，或者利用 ASTER1、2、3、4 组合波段提取 Fe^{3+} 的信息。这些提取铁染信息的方法在滇川黔碳酸盐岩地区应用时应更加慎重,因为 Fe^{3+} 铁化信息虽然反映了部分氧化矿或铁帽信息,但更多可能是风化壳的显示。滇川黔成矿域内的碳酸盐岩地区风化壳含铁量比较高[Al_2O_3、Fe_2O_3 和 SiO_2 是岩溶地区风化壳的主要化学成分(万国江,1995)],常形成假铁帽。另外,该区内广泛发育的二叠系玄武岩及其形成的风化壳含铁量也比较高,这些对提取铁染信息有很大的干扰。即使能够排除风化壳的干扰,Fe^{3+} 的信息也不能作为遥感找矿的标志,因为如前文所述,铅锌硫化矿体、矿化只出现在 Fe^{2+} 的一侧,Fe^{3+} 的一侧无矿,即褪色化现象普遍存在。在进行遥感影像增强处理时,应突出黄铁矿等亚铁类异常信息,褐铁矿等含 Fe^{3+} 的矿物信息不能作为该区铅锌矿化的异常信息标志。这里还存在一个问题:滇川黔成矿域碳酸盐岩所含黄铁矿存在多个期次。目前,对黄铁矿不同期次的空间关系尚未做工作。

1.8.3 利用图形特征解译滇川黔成矿域含矿碳酸盐岩的优势

随着在滇川黔成矿域找矿力度的加大,遥感技术可发挥的作用将不断加强。如在进行岩性解译时只圈定其分布范围已不能满足实际找矿工作需求。若能在解译地层岩性的同时还能获得其结构、产状和构造部位信息及其变化规律,将有利于突破遥感技术在滇川黔碳酸盐岩地区岩性解译缺乏实用价值的瓶颈。利用影像特征的差异变化规律去推测碳酸盐岩的成分、产状、构造等信息的变化在滇川黔成矿域铅锌(银)矿床研究中显得特别重要,因为碳酸盐岩在该区广泛分布,但只有在特殊构造部位的碳酸盐岩地层才有可能成为容矿空间。而这些构造因为规模较小或没有较好的地表露头常常在传统地质工作中被忽略,或者工作条件恶劣难以迅速开展地表详细踏勘工作。

1. 遥感影像全面反映了地面景观细节

现有的地形图,哪怕是大比例尺的或用准确仪器测量方法编制的,也只不过是概略的地形描绘,通常在这些图上得不到许多极其重要的细节,特别是中、小、微地形(如浅盆地、漏斗、喀斯特井、矿井、溶沟、小砂丘、孤山、阶地等)的细节(邹豹君,1985)。随着图像分辨率进一步提高,遥感影像上不仅能显示出大的地形地貌,还能清楚地反映出地物的细部特征,图像上多级侵蚀沟组合而成的水系影纹图案、地物景观的结构、形态、纹理和细节信息都非常突出,为我们提供了可靠的地形地貌、水系特征、地质构造和地物的识别分析依据,弥补现有图纸信息不全的缺陷。

2. 图形特征既可以反映岩性信息,也能够反映构造信息

戴维斯在 1899 年提出地理(地貌)循环学说,认为地貌是构造、营力和时间(侵蚀阶段)的函数,一个地区的地貌、水系的发育严格受到岩性、构造控制(邹豹君,1985)。同一地区的同一岩性,处于同一自然环境气候条件下,岩性、结构相同,遭受风化剥蚀年代相同,当其出露面积、厚度、所处构造部位、岩层产状、覆盖程度不同时,其受力状态不一,破裂形式也不一样,风化形成的水系特征、微地貌、植被、土壤等都会发生变化。例如构造发育的地段岩溶作用强,褶皱和断裂作用使岩石的破裂程度加大,著名的桂林峰

林地形只发育于 SN 向背斜构造向北的倾末端位置；节理较多的石灰岩，往往构成壁立的断崖，一个区域的构造线的方向，往往控制了溶洞的延伸方向。因此，遥感影像上反映出的地貌、水系、土壤、植被和影纹图案信息隐含着岩性、构造等地质信息，即影像图形特征变异反映了地面构造变化信息。

笔者在滇东北铅锌矿床的研究中已初步发现：含矿碳酸盐岩和非矿碳酸盐岩具有明显不同的遥感影像图形特征。以彝良毛坪铅锌矿床为例，该矿床受控于猫猫山倒转背斜北部的倾伏端（图 1-37），倒转背斜两翼的地层岩性为白云岩和灰岩。相同的岩性使其光谱特征相似，在遥感影像上具有相同或相近的色调或色彩（图 1-36），但因含矿性和地层产状不同而显示截然不同的图形特征，根据背斜西翼南段的岩层三角面的形态和角度可判定西翼岩层产状较陡，出露宽度很窄（根据地质资料，西翼地层产状直立或倒转，倾角 40°～85°）。在遥感影像上该段没有显示出碳酸盐岩地区常见的岩溶地貌图形特征（图 1-38），而是显示为遭受强烈的硅化形成坚硬、抗风化能力强的硅化带的图像特征——梳状、格状水系影纹图案，色调较深。地貌上为高大的长条状山系，河谷两岸为陡崖峭壁，河谷（最低海拔 902m）与山脊（最高峰海拔 2659m）相对高差可达 1757m 之多，植被覆盖较好。在背斜的东翼岩层产状缓倾斜，影像上显示典型的岩溶地貌图形特征（图 1-39），相对高差小，发育数米至数十米高的峰林峰丛，稀疏的星状水系，整体为浅色调，植被覆盖较差。毛坪矿床主矿区长发硐-花苗寨段位于背斜的西翼，东翼目前只有矿点和小型矿床发现。

3. 图形特征的稳定性

与光谱特征相比，地貌、水系、影纹图案等图形信息即使在有植被、土壤覆盖等干扰时，仍能在遥感影像上清晰反映。且无论何种波长电磁波遥感影像，地貌、水系等是不会发生变化的。滇川黔成矿域内碳酸盐岩出露地区一般会生长灌木、竹林或杂草，只有陡崖峭壁上才极少有植被覆盖，但地形陡峻又会导致阴影发育。植被、土壤和阴影区的地面信息被遮盖，光谱特征难以显现。虽然利用计算机图像处理技术可以增强一些微弱信息，但仍有大量"同谱异物"或"同物异谱"现象。加之目前在提取岩性信息的预处理中，普遍都将植被、冲积层、阴影以及云、水体等都作为干扰信息加以屏蔽。如此处理的图像虽然能够剔除干扰，便于计算机自动分类，却也因此使它们本身所能提供的大量地质信息以及下覆的微弱地质信息被一并丢弃。

第 2 章　会泽铅锌矿床遥感影像特征

2.1　会泽铅锌矿床地质概况

会泽铅锌矿床位于扬子板块西缘宣威-黔中拱褶束内（图 2-1）。西侧距离小江断裂带（F_6）约 70km。其南北两侧的 NE 向新山-者海断裂带（F_5）和寻甸-阿都断裂带（F_4）与小江断裂带相沟通，三者形成 NE 向菱形控矿断块。断块内的 NE 向矿山厂-白龙潭（F_1）、麒麟厂-板栗树（F_2）与银厂坡-海戛（F_3）三条逆断层-背斜（拖曳）构造带，被认为是重要的输矿、储矿构造。

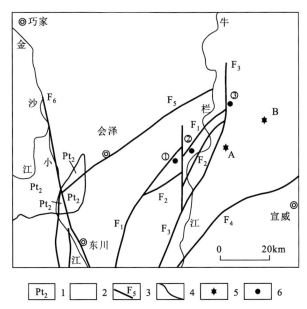

图 2-1　会泽铅锌矿区域构造简图［据薛步高（2006）修改］

1. 中元古界；2. 寒武系、泥盆系、二叠系未分；3. 控矿断裂及编号（$F_1 \sim F_6$）；4. 地层界线；
5. 火山口及编号：A 为大井火山口，B 为居乐火山口；6. 矿床：①矿山厂，②麒麟厂，③银厂坡

会泽铅锌矿床主要容矿层下石炭统摆佐组（C_1b），在矿山厂厚 57.60m，岩性为灰岩夹钙质白云岩（图 2-2）。燕山期岩浆热液使其矿化，发生粗晶白云石化，形成多孔隙去有机质的"灰色白云岩"。蚀变白云岩中尚残留多层未蚀变的灰岩（矿山厂）。原生的隐晶质含铁"红色白云岩"，与砂岩铜矿的"紫色层"相似，不含矿。次要容矿层上泥盆统宰格组，在矿山厂厚 32.9～58.8m，岩性为隐晶质白云岩夹灰岩、泥质白云岩，同样能变为中-粗晶"灰色白云岩"，但不如摆佐组强烈。第三容矿层上石炭统马平组（C_3mp），在矿山厂厚 59m，岩性为灰岩夹生物灰岩。矿体出露的最高标高为 2480m，最低为 1300m，沿倾斜

方向仍向深部延伸。矿区内共圈出矿体 30 余个，其规模变化较大，矿体沿走向最长达 800 余米，短仅数十米，最厚达 30 余米，薄又仅数十厘米。矿体在空间上延伸稳定，产状与地层平行，走向 NE20°～30°，向 SE 方向倾斜，倾角 60°～70°。

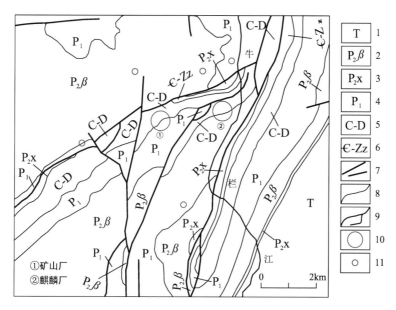

图 2-2　会泽矿区地质简图［据熊家镛等（1980）］

1. 三叠系砂岩；2. 二叠系峨眉山玄武岩；3. 二叠系中统宣威组石英砂岩-粉砂岩；
4. 二叠系下统灰岩-白云岩；5. 石炭系—泥盆系灰岩-白云岩；6. 寒武系—震旦系
灰岩-白云岩-砂岩；7. 断层；8. 地层界线；9. 河流；10. 矿床；11. 矿（化）点

矿区内地形切割强烈，相对高差达 900 余米。矿体均遭受了不同程度的氧化，上部为氧化矿石，中部为氧化矿与硫化矿共生的混合矿石，下部为硫化矿石。目前麒麟厂矿床主要开采硫化矿石，而矿山厂矿床则以开采氧化矿石为主。矿床的围岩蚀变比较弱，主要为黄铁矿化、白云石化、方解石化、硅化和黏土化。

2.2　区域遥感-地质背景

会泽铅锌矿区东侧紧邻隐伏的 SN 向昭通-曲靖断裂带，西侧靠近 SN 向的小江断裂带。在遥感影像上，这两条近 SN 向大断裂带之间发育多条 NNE-NE 向断褶带，形成宽窄相间分布的条纹条带（块）景观（图 2-3，图 2-4）。宽缓平坦条带为向斜构造发育区，狭窄紧闭地貌陡峭的条带为背斜区，形成隔档式褶皱群。但在会泽-昭通一带，地质地貌特征不仅如此，相间分布的 NNE-NE 向的条纹条带（块）聚集在一起，组成了一个清晰的 NNE 轴向的透镜体，长约 150km，宽 55km 左右。透镜体内的色调与影纹图案与周围不同，并有清晰的界线。西侧环体边界为一系列弧形山脊线或线状分布的山峰点组成；东侧边界为走向南北、波状延伸的昭通-曲靖断裂带。透镜体内会泽-者海以北，牛栏江以西地区，色调明亮，影纹相对光滑，为透镜体的内核部分。

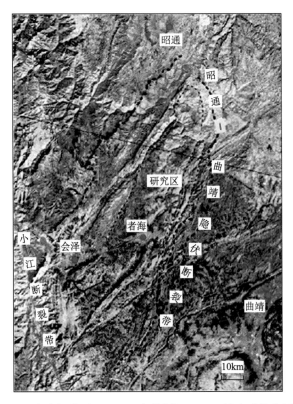

图 2-3　昭通–会泽地区 OLI432 遥感影像及 NNE 轴向透镜体解译图

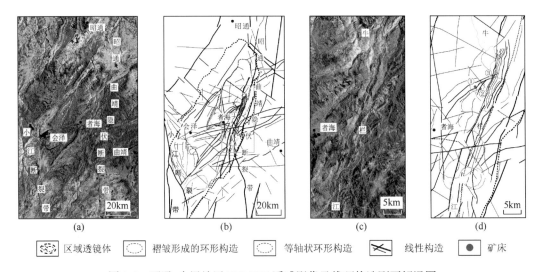

(a)	(b)	(c)	(d)

区域透镜体　　褶皱形成的环形构造　　等轴状环形构造　　线性构造　　矿床

图 2-4　昭通–会泽地区 ETM654 遥感影像及线环构造刚要解译图

（a）昭通-曲靖地区遥感影像；（b）图（a）解译图；（c）图（b）中绿框区放大影像；（d）图（c）等轴状环形构造带状分布解译图；①矿山厂矿床；②麒麟厂矿床；③银厂坡矿床

1. 环形构造

透镜体内发育两种类型的次级环形构造（图 2-4），一类是透镜状或椭圆形的半圈闭环形构造，由区域性的 NNE-NE 轴向的褶皱形成；一类是等轴状环形构造，沿着近 SN 向的昭通-曲靖隐伏断裂带发育，形成环带状结构 [图 2-4（c）、（d）]。等轴状环形构造由环状或放射状水系等特征显示出环形特征，直径在 8km 左右，内部次级的环形构造发育，多数是由发育于局部的构造透镜体、短轴背斜或者长轴状褶皱的转折端形成，如麒麟厂环形构造、小竹箐环形构造。这些环形构造规模较大，往往包含多个地层，但是在其内部的部分次级等轴状环形构造中地表往往只出露二叠系峨眉山玄武岩，如麒麟厂环的次级环形构造——小黑箐环形构造和大菜园环形构造（图 2-5）。小黑箐环形构造被矿山厂断裂分为两部分，南部从震旦系灯影组至二叠系均有出露，北部地表全部出露二叠系玄武岩；大

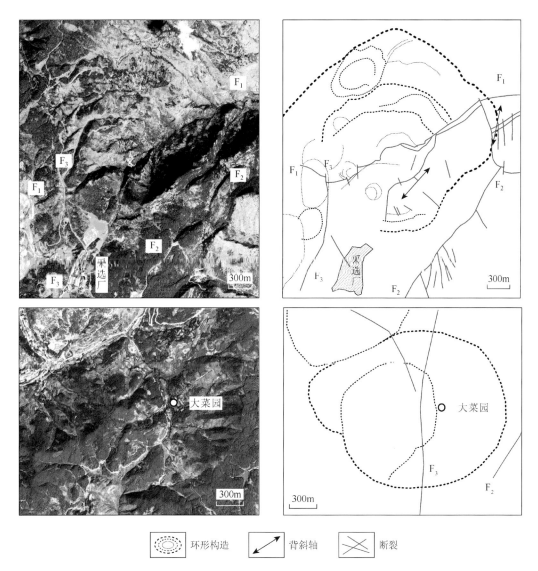

图 2-5　小黑箐（上图）与大菜园（下图）地区 QuickBird421 遥感影像及环形构造解译图

F_1. 矿山厂断裂；F_2. 麒麟厂断裂；F_3. 东头断裂

菜园环形构造位于矿山厂南侧,环体内部及周边地表也是出露二叠系玄武岩,不能确定其是否由小型褶皱构造引起,但环形构造确实是地质成因的。

近 SN 向的昭通-曲靖隐伏断裂带仅有局部在地表出露,研究区范围内是区域地质上所称的银厂坡-云炉河断裂带(由数条逆冲断裂组成)。推测等轴状环形构造环带的成因为:在银厂沟至小竹箐及以南地区,早期就已经存在一条近 SN 向展布的构造带,在区域性的 NE 向断层逆冲推覆运动时,上盘受到下盘已有构造的影响和限制,整体走向近 SN 向的上盘地层发生局部褶皱,形成与区域性的近 SN 向和 NE 向条带都不和谐的环形影像。

2. 线性构造

研究区内线性构造发育,以近 NS 向和 NE 向线性构造为主体,形成区内的构造格架,其次有 NW 向和少量 EW 向线性构造带(图 2-3、图 2-4)。

研究区位于两条区域性的 NS 向线性构造带之间,西侧是小江断裂带东支(东川段),距离会泽矿区直线距离 70km;矿区东侧紧邻昭通-曲靖隐伏断裂带的北段。

(1)小江断裂带东支(东川段)。小江断裂带东支(东川段)在遥感影像上线性特征清晰,呈现为狭窄的浅色调直线状细带,地貌上为线状峡谷,河谷两侧多处有水系同步弯曲现象。

(2)昭通-曲靖隐伏断裂带。该带为一隐伏断裂带,地面仅局部有出露。在遥感影像上,该带与小江断裂带表现不同,不是显示为清晰的单条线条,而是由多条 SN 走向的波状弯曲延伸的线性构造及夹持于其中的透镜体组成,形成了一个宽 10km 左右,长度超过 70km 的条带。会泽矿区就位于该条带之内。在该构造带范围内,地貌特征与两侧不同,其河流和山脊受线性构造带控制,形成波状山脊线和沟谷线,不同于两侧 NE-NNE 向的构造线和地形地貌特征。矿山厂矿床和麒麟厂矿床正位于 NE 向矿山厂-金牛厂构造带与该带的交切部位;NS 向昭通-曲靖断裂(线性构造)带是需要关注和深入研究的构造。

在区域地质研究中,近 NS 向昭通-曲靖隐伏断裂(线性构造)带是重要的构造单元分界带。其东侧是威信凹陷,西侧是昭通凹陷。其西侧往往背斜狭窄,向斜开阔,形成隔档式褶皱,其东侧则背斜开阔,向斜狭窄,构成隔槽式褶皱组合;其两侧虽然都发育 NE 向线性构造(断裂),但两侧的线性构造带是不连续的,且方位不同,西侧 NE 向线性构造方位为 NE35°～50°,东侧 NE 向线性构造方位为 NE60°～65°。

根据地质资料及影像特征推测,近 NS 向昭通-曲靖隐伏断裂(线性构造)带是一形成时代较早的构造带,对后期区域性 NE 向逆冲断层和褶皱形成阻碍,后期构造又对其有继承和改造作用。

3. NE 向线性构造

区域地质上所称的银厂坡-云炉河断裂带(由数条逆冲断裂组成),在遥感影像上非常醒目,与地表出露的 NE 向断裂带有良好的对应关系,控制了地貌和水系的发育,在遥感影像上形成延伸稳定、平直或者微拐弯的色调、微地貌条纹条带。

4. NW 向线性构造

NW 向线性构造有两种类型：一类为延伸远、平直但刻痕浅、狭窄的细线或细条纹状线性构造，此类线性构造遍布全区，多为区域性的 NS 向或 NE 向构造的配套构造，在昭通-曲靖 NNE 轴向透镜体内，此类线性构造没有透镜体外部发育；另一类 NW 向线性构造仅局部发育，影像上为延伸短，宽窄不一的细带，地貌上可形成带状洼地。

2.3　会泽矿区线-环构造解译

会泽矿区位于 NE 向矿山厂断裂带与 SN 向昭通-曲靖隐伏断裂带交汇的部位。该区是多期次构造交叠耦合地段，每一次构造运动都留有痕迹却又被后期构造运动改造、利用或复合，所以遥感影像上这一区域环形构造、线性构造非常发育且复杂。

1. 环形构造

会泽矿区范围内发育的环形构造主要有麒麟厂等轴状环形构造和小竹箐等轴状环形构造（图 2-6），二者均属于近南北向昭通-曲靖隐伏断裂带与等轴状环形构造形成的环带。两环体呈近南北向排列，中间部分重叠。环体内部次级环形构造发育。

环形构造按照规模大小可分为 5 级。直径 10km 左右为一级环形构造，为麒麟厂等轴状环形构造（R^1ql）和小竹箐等轴状环形构造（R^1xz）；直径 8km 左右为二级环形构造，为一级环体的内环层；直径 4km 左右为三级环形构造，主要有 3 个：在麒麟厂等轴状环形构造边缘矿山厂-大水井一带发育的大水井环形构造（R^3ds），以及小竹箐等轴状环形构造内部发育的两个次级环形构造 R^3xz1 和 R^3xz2；直径 1～2km 左右的环形构造为四级环形构造，与此次研究相关的主要是分布于大水井环内部及周围的环形构造，共有 4 个：小黑箐环形构造（R^4xh）和大菜园环形构造（R^4dc），矿山厂环形构造（R^4k）和龙王庙环形构造（R^4l），已知矿山厂矿床即产于后面两个环体内。在东部小黑箐地区存在一个环形构造（R^4xh）；直径小于 1km 的环形构造为五级。

1）麒麟厂等轴状环形构造

麒麟厂等轴状环形构造（R^1ql），简称麒麟厂环，位于矿山厂—银厂坡—小竹箐一带，直径约 10km。牛栏江从中部穿过麒麟厂环，并在环中心区发生近直角大转弯，从 NNE 流向转为 SE 流向，转弯处形成弧形河谷。

麒麟厂环被昭通-曲靖隐伏断裂带牛栏江段分为东西两部分，西半环清晰，东半环模糊。在增强处理的图像上麒麟厂环形构造更为清晰（图 2-7）。矿山厂断裂带是麒麟厂环的西北侧边界，在小黑箐—牛栏江东岸一带呈弧形延伸；环体西侧以东头断裂为界；环体西南侧与一条 NW 向线性构造带相切，该线性构造带向 NW 延伸，在矿山厂附近可与 NW 向大菜园断裂相接。西半环内（包含近 SN 向牛栏江断褶带）约占全环面积的三分之二，地表出露的地层较为齐全，从震旦系灯影组到二叠系梁山组均有，地层走向 NE，倾向 SE，倾角陡，地层在地表出露的宽度较窄，牛栏江西岸常为陡峭的顺向坡，东岸为逆向坡。占三分之一面积的东半环周围缺乏规模较大的断裂带，由一系列串珠状分布的微小

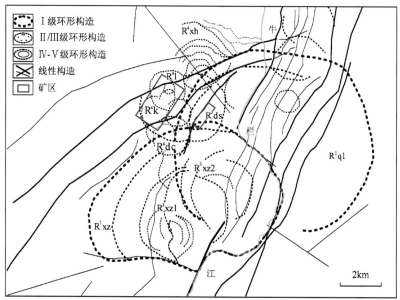

图 2-6　会泽矿田 OLI542 遥感影像及环形构造解译图

矿区：左为矿山厂；右为麒麟厂

型盆地链接成半圆状成其边界。东半环内出露的地层为三叠系地层，较西半环地层新，地层走向与倾向和西半环一致，但倾角变缓，形成和缓的顺向坡地形。无论是沿着清晰的西侧边界还是模糊的东侧边界，河谷和山脊线都呈现一定的弧形弯曲，且两侧是对称出现的。

2）小竹箐等轴状环形构造

在麒麟厂环的南部发育小竹箐等轴状环形构造（R¹xz），简称小竹箐环，牛栏江再次发生转弯，围绕小竹箐环形成半圆形河谷（图 2-6）。小竹箐环体呈心形，南北稍窄，约

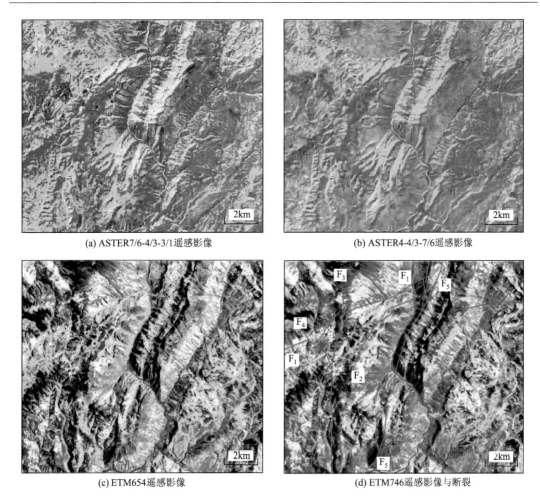

(a) ASTER7/6-4/3-3/1遥感影像　　　　　　　　(b) ASTER4-4/3-7/6遥感影像

(c) ETM654遥感影像　　　　　　　　　　　(d) ETM746遥感影像与断裂

图 2-7　麒麟厂环增强处理图像

F_1. 矿山厂断裂；F_2. 麒麟厂断裂；F_3. 东头断裂；F_4. 大菜园断裂；F_5. 牛栏江断裂

为 7km，东西略长，约为 10km。以环形水系显示其环状特征，其中东侧为呈半圆形转弯的牛栏江河谷，在遥感影像上非常醒目；西侧南部为一小型弧形河谷，北部为弧形的山脊。环体内部又发育多条小型环形水系，常呈同心环状。环体内发育两个次级环形构造，东环直径约 4km，西环直径约 5km，两环交叠形成对环结构。东环对应于 NE 向断褶带的扬起端（倾伏端），西环内为两个被破坏的穹窿构造。小竹箐环形构造在影像上的反映是 EW 向雁列式短轴背斜或穹窿群，是与区域上 NE 向和 NNE 向紧闭线状褶皱不和谐的地段。

　　小竹箐环与地表已出露的短轴背斜（穹窿）对应良好，而麒麟厂环与其特征部分相似，可以作为推测麒麟厂环地质成因的参考和对比。根据环体内地层产状及地形地貌等影像特征，推测麒麟厂环形构造为一倒转的短轴背斜，牛栏江河谷经过的地段可能为其轴迹。其相邻的银厂坡矿区已发现在近 SN 轴向背斜上叠加发育有一系列的轴向近 EW 的似箱状褶皱（廖震文和邓小万，2002）。会泽矿田及周围有一系列近等轴状环形构造沿着近 SN 向昭通-曲靖隐伏断裂带发育，形成环带。它们的成因是相似的，是一系列的短轴背斜（穹窿）叠加在区域性的近 SN 向紧闭线状褶皱的反映。

麒麟厂环和小竹箐环西北侧的交叠处线性构造发育，地表切割破碎，形成一个具有龟裂纹状图案，四周有断续的弧形沟谷，色调略深的环形影像，包含有矿山厂矿床、麒麟厂矿床（大水井段、麒麟厂段），故称之为大水井环（R^3ds），是研究区最重要的环形构造。

2. 线性构造

NE 向紧密褶皱、断裂带及近 SN 向隐伏昭通-曲靖构造组成了会泽矿田的构造格架（图2-8）。矿田内线性构造非常发育，规模与影像特征差异较大。最为醒目的为 NE 向矿山厂断裂带，其次为近 SN 向昭通-曲靖隐伏断裂带的牛栏江段，NW 向线性构造也比较清晰，只有 EW 向线性构造带较为模糊。

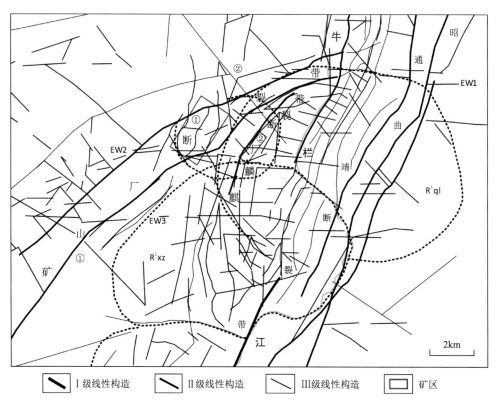

图 2-8　会泽矿田线性构造解译图

矿区：①矿山厂；②麒麟厂

1）NE 向线性构造（断裂）带

矿区内的 NE 向线性构造（断裂）带其平面形态分为呈舒缓波状延伸和直线状延伸两种类型，前者为矿山厂断裂带，走向 NE50°，后者分布于矿山厂断裂带西北侧，走向 NE30°。

（1）矿山厂断裂带。矿山厂断裂带在遥感影像上显示为宽约 2km 的浅色宽带，与两侧深色调地区有明显的色调分界线（图 2-9）。浅色带呈 NE 向延伸，略呈弧形。内部又有多条次级线性构造（断裂）带，其中主断裂即矿山厂断裂呈舒缓波状延伸，多级分叉，沿带形成深切沟谷，一些地段如小黑箐至牛栏江边都有险峻的陡崖线状分布。

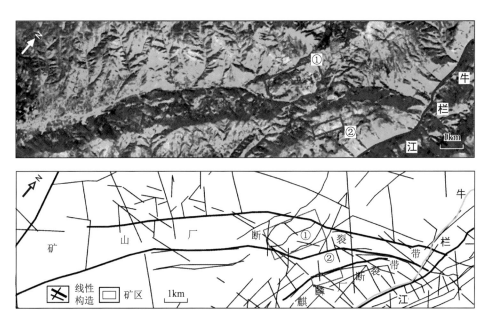

图 2-9　矿山厂断裂带 ASTER7/6-3/1-2 遥感影像及解译图

①矿山厂；②麒麟厂

　　NE 向矿山厂断裂带 NE 端的延伸受到近 SN 向昭通-曲靖断裂带限制，并部分与麒麟厂环边界复合共拥，同时此处又有 EW 向线性构造带叠加。

　　（2）NE 向（NE30°）线性构造（断裂）带。其主要分布于矿山厂断裂带西北侧的玄武岩出露地区，显示为色调分界面或者刻痕较浅的直线状沟谷，以 1.5km 的距离等间距发育，与 NW 向直线状线性构造带相互切割错移，呈共轭关系。

　　2）近 SN 向昭通-曲靖隐伏断裂带（部分）

　　近 SN 向昭通-曲靖隐伏断裂带在会泽矿区范围呈束状，在南部范利洛一带收敛，向北部撒开。可分为两个带，东带宽大，位于牛栏江以东；西带细窄，位于矿山厂至范利洛一带。

　　东带宽 4km，带内的线性构造呈舒缓波状展布，地表出露多条断裂，即区域地质上所称的银厂坡-云炉河断裂带（由数条逆冲断裂组成），影像上显示为近 SN 向宽窄不同的色调和微地貌条带（图 2-10），同时也是山脊线与沟谷相间排布的条带。沟谷可能是由软弱的三叠系飞仙关组页岩形成，也可能是沿着逆冲推覆断裂分布的压扭性破碎蚀变带形成。

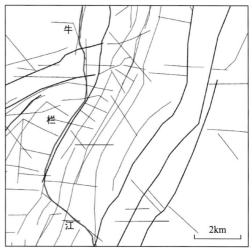

图 2-10　近 SN 向断裂带东带 ETM654 遥感影像及解译图

　　西带宽 1～1.5km，显示为数条直线状色调分界面和线状沟谷（图 2-11），沟谷切割浅，南部少量舒缓波状沟谷，部分与已知东头断裂吻合。

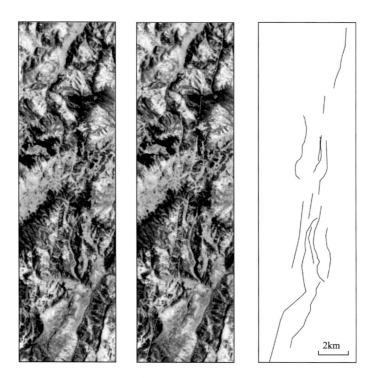

图 2-11　近 SN 向断裂带西带 ETM654 遥感影像及解译图

3）NW 向线性构造

NW 向线性构造是区域性的构造，贯穿全区域，在 ETM654-HIS 遥感影像上显示最为清晰（图 2-12）。较大的 NW 向线性构造以 2～2.5km 的距离等间距展布，且对区内的水系发育控制明显，常形成较长的直线状沟谷，将 NE 走向的地层、褶皱带切断，沟谷两岸同一地层出露宽度不同。在红石崖一带有一条 NW 向线性构造地貌上没有上述特点，在 ETM654 遥感影像上显示为一条橘红色与青-白色的线状分界面，但分界面两侧的地层是连续的。根据地质资料，会泽矿区在地表出露的 NW 向断裂并不发育，遥感影像上密集分布的 NW 向线性构造可能是大型的节理带。

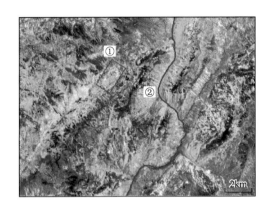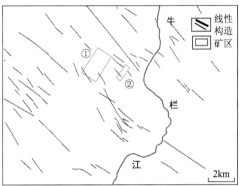

图 2-12　会泽矿田 ETM654-HIS 遥感影像及 NW 向线性构造解译图

矿区：①矿山厂；②麒麟厂

4）EW 向线性构造带

EW 向线性构造带影像特征模糊，显示为多条密集出现的色调细纹、细带，断续出现但连续性好，延伸长（图 2-8）。矿区内共有 3 条，与麒麟厂环相互交切，关系密切，从北向南清晰程度逐渐降低。

（1）银厂沟带（EW1）。该带位于麒麟厂环的北侧，与环体边界相切，限制了环体的北侧范围。此带是三条 EW 向线性构造带中最清晰的。地貌上为多条断续延伸的近 EW 向 "V" 形沟谷，沟谷不仅切割深，将近 SN 向走向的地层切断并向左错移近 400m 距离。在牛栏江东岸，已有一条长约 4km 的断裂出露地表。另外在马路上村附近有近东西向的河谷发育，河谷两岸均为悬崖。

地质资料显示（廖震文和邓小万，2002）在银厂沟矿区存在一组 NWW-NEE 向断裂和节理带，前者以 500～1000m 距离等间距分布，后者发育密度常为 2 条/m 或 3 条/m。二者与近 EW 轴向的宽缓的似箱状背斜成因有联系。

（2）麒麟厂-矿山厂带（EW2）。该带在矿山厂及其西侧，为较模糊、断续的近 EW 向的沟谷或条纹，在牛栏江两岸则变得清晰。牛栏江西岸为切割深、延伸长的 "V" 形沟谷，江东侧为 EW 走向的直线状山脊，山南坡水系流向南，梳状水系；山北坡水系流向东，格状树枝状水系。

（3）小竹箐带（EW3）。小竹箐带非常模糊，没有明显的地貌特征，仅为模糊的细条带或不同色调、纹理的分界面，是麒麟厂环的南部界线。该带切穿小竹箐环，将之分为南北两部分。北半环体色调明亮，纹理粗糙，NE 向或 NNE 向的肋状纹理，沟谷切割深；南半环体色调较暗，纹理细碎，水系、山脊线没有特定的方向性，沟谷短小、切割浅。

2.4　矿山厂–麒麟厂矿田线环构造特征

矿山厂–麒麟厂矿田是 NE 向矿山厂断裂带与近 SN 向断裂带渐进交汇的楔状部位，同时又有多条 NW 向、EW 向线性构造（断裂）叠加，地表切割破碎，沟谷发育。在遥感影像上形成具有似龟裂状纹理的环形体（图 2-13），色调相对略深，与周围背景色调、纹理不同，称之为大水井环形构造（R^3ds）。

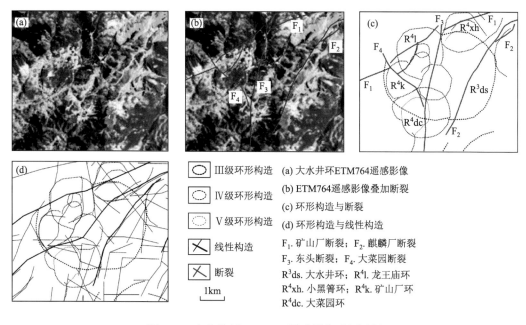

图 2-13　大水井环 ETM746 遥感影像及解译图

大水井环形构造（简称大水井环）位于Ⅰ级环形构造麒麟厂环（R^1ql）与小竹箐环（R^1xz）交叠处的西北侧，部分与两环相交叠，是麒麟厂环周围的卫星状次级环体。其直径约 4km，内部发育次级环形构造，西部到东部有Ⅳ级环形构造龙王庙环（R^4l）、矿山厂环（R^4k）、大菜园环（R^4dc）和更小次级环形构造。东部次级环形构造不发育，仅北侧与小黑箐环（R^4xh）部分叠加。与地质资料对比分析，矿山厂环呈 NE 轴向的透镜状，是矿山厂逆断层上盘的拖曳背斜白矿山背斜在遥感影像上的反映。龙王庙环和小黑箐环被矿山厂断裂分为两部分，南部叠加在大水井环上，且南部都可与小型拖曳背斜地理位置耦合，北部地表出露二叠系玄武岩。大菜园环具有放射状水系特征，环体范围内地表被二叠系玄武岩覆盖。推测龙王庙环、大菜园环和小黑箐环与矿山厂环可能有相似的成因。

1. 矿山厂透镜状环形构造

矿山厂环（R^41）规模虽小，但影像特征独特（图 2-14），矿山厂矿床即产于此环体内。矿山厂环位于 NE 向矿山厂断裂带发生"S"形转弯的拐点处，由两个大小不同的等轴状环形构造连接形成透镜状，地貌上是两个圆形山丘。两个环形构造直径分别为 600m 和 1200m，为白矿山背斜在遥感影像上的反映。

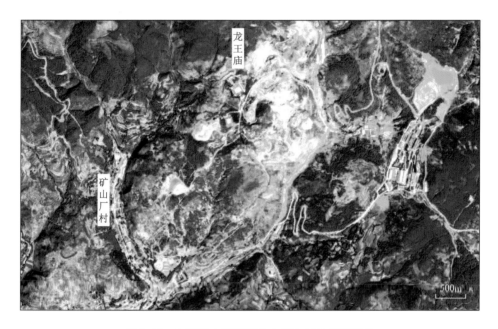

图 2-14　会泽矿山厂矿床 QuickBird421 遥感影像

2. 麒麟厂矿床遥感影像特征

麒麟厂矿床位于牛栏江西岸陡坡上，为一顺向坡。在高分辨率遥感影像上，各地层因岩性不同形成不同的微地貌和植被、水系花纹，显示为 NNE 走向排列的条带景观（图 2-15）。新地层位于山坡和山谷，老地层位于山顶处，清晰显示地层岩性及其组合关系。

麒麟厂矿床二叠系茅口组（P_1m）地层以灰岩为主，层理面暴露在外，色调浅，影纹光滑均匀，发育深切的 NW 向侵蚀冲沟，冲沟以 330m 左右的距离等间距发育，形成格状水系。茅口组植被稀少，低矮植被覆盖，侵蚀冲沟狭窄，切割较浅，岩溶地貌不发育；栖霞组岩层三角面发育，形成连续的折线状条带，其出露区色调呈灰色至白色，岩溶发育，山坡上遍布低矮的石芽，几乎无植被覆盖，侵蚀冲沟开阔，切割较深。

区域的下二叠统梁山组（P_1l）地层岩性为石英砂岩、页岩夹煤层，在麒麟厂矿床内该组地层岩性应只为页岩，因影像上显示，沿着该地层走向为一条宽约 90m 的带状洼地。洼地内植被生长良好，一些地段被开垦为农田。高处山坡上在中上石炭统发育的向心状-树枝状水系在梁山组地层收敛，向下汇入发育于栖霞组和茅口组的侵蚀冲沟。

图 2-15　会泽麒麟厂矿床 QuickBird421 遥感影像及地质解译图

1. 下二叠统茅口组灰岩、白云质灰岩；2. 下二叠统栖霞组灰岩夹白云岩；3. 下二叠统梁山组页岩；
4. 上、中石炭统并层灰岩；5. 下石炭统摆佐组白云质灰岩、白云岩；6. 断层；7. 地层界线

梁山组的上覆地层为中上石炭统（C_{2+3}）的灰岩，色调浅，植被稀疏，岩溶不发育，山体呈圆丘状，发育向心状-树枝状水系，但冲沟侵蚀很浅。其与上覆的摆佐组地层之间有一条沿走向发育的洼地，宽约 50m，因此可能含有页岩夹层。洼地内植被生长良好，一些地段被开垦为农田。值得注意的是，这两条洼地在麒麟厂以南和以北地区都不再发育。

主要赋矿层位——下石炭统摆佐组（C_1b）地层位于山脊及两侧，山顶平缓，岩溶不发育，植被覆盖良好，且植被的色调与其他区域不同，在 QuickBird421 遥感影像上显示为暗橘黄色（图 2-15），而不是正常的红色，这大概是因为其地层土壤富含铁，在近红外波段反射率下降，从而显示出与其他地层上生长的植被不同的色调色彩，可以作为在该区寻找类似地层和矿化的标志之一。

3. 近东西向构造带与洼地

除上述在区域上近 EW 向构造带对会泽矿床的控制，在矿床尺度上，近 EW 向构造带的影响也不能忽略。在麒麟厂至牛栏江之间的山坡上，也发育和四川大梁子矿床、毛坪矿床相似的近 EW 向洼地（图 2-16），与地层条带横向直交。这些洼地与近 EW 向的侵蚀沟相间分布，等间距发育，受到节理带的控制，在脆而硬的二叠系茅口组和栖霞组灰岩中是洼地地貌，进入上覆的页岩、白云岩时渐变成细纹。

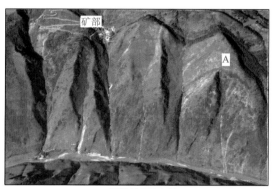

(a) 麒麟厂山坡全景

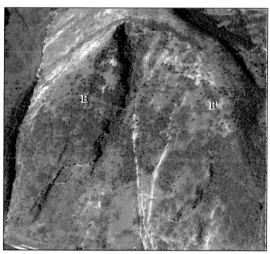

(b) A点山坡洼地

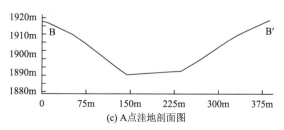

(c) A点洼地剖面图

图 2-16　会泽麒麟厂山坡洼地三维景观（Google Earth 图像）

2.5　蚀变异常信息分布特征

2.5.1　蚀变异常信息提取方法

会泽铅锌矿床的围岩蚀变比较弱，主要为黄铁矿化、白云石化、方解石化、重晶石化、硅化和黏土化。为提取蚀变信息，以 ETM、OLI 和 ASTER 数据作为主要信息源，首先对图像进行辐射定标和大气校正等预处理，进而根据主要蚀变矿物的光谱曲线特征设计合理的图像增强处理方法，提取围岩蚀变信息。

因会泽铅锌矿床的围岩为碳酸盐岩，矿物成分与白云石化和方解石化矿物成分相同，光谱特征相近，在多光谱的遥感影像上难以区分，故围岩蚀变信息提取以黄铁矿化、重晶石化和黏土化（选择高岭土）为主。

黄铁矿（褐铁矿、赤铁矿）、重晶石和高岭土的光谱特征及与 ASTER、Landsat8-OLI 遥感波段对应情况如图 2-17 所示。

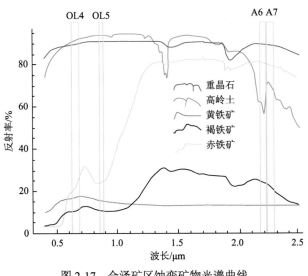

图 2-17　会泽矿区蚀变矿物光谱曲线

据 JPL、USGS 光谱库

重晶石和黄铁矿在目前常用的多光谱遥感波段光谱曲线都比较平滑，无特征性的反射峰和吸收谷。高岭土的波谱特点是在 ASTER6（A6）波段有吸收谷，在 ASTER7（A7）波段有反射峰。而在 Landsat8-OLI4（OL4）波段（红光波段 0.63～0.68μm）正常植被为强吸收谷，但在麒麟厂矿区植被在该波段反射率大幅增加。而在 Landsat8-OLI5（OL5）波段（近红外波段 0.845～0.885μm）正常植被具有很高的反射率，但在麒麟厂矿区植被在该波段反射率降低。推测植被的异常光谱特征是受到了含矿层出露地区土壤中含有较高的 Fe^{2+}、Fe^{3+} 的影响。

根据以上光谱特征，设计图像增强处理方法以突出黄铁矿、重晶石和高岭土围岩蚀变信息。步骤如下：

（1）用 ASTER7 与 ASTER6 波段进行比值运算，生成 A7/6 图像。

（2）将 ASTER7/6 以红通道、Landsat8-OLI4 以绿通道、Landsat8-OLI5 以蓝通道进行彩色合成。

（3）在彩色合成图像上具有高红色值、高绿色值和低蓝色值的区域显示为鲜艳的黄绿色，即可能为蚀变信息较强的区域。

（4）进行非监督分类，将分类图矢量化，提取蚀变色调异常图斑分布图。

（5）会泽矿区及周围有大面积的玄武岩出露，玄武岩风化壳铁含量很高，会形成大面积的假异常；下、中三叠统关岭组下段、上三叠统须家河组以及侏罗系地层岩性以粉砂岩、长石岩屑杂砂岩为主，其风化层较厚且黏土矿物含量高，也会形成大面积的假异常，应在运算前进行掩膜处理，或者运算后将玄武岩和粉砂岩等地层出露区的异常信息剔除。

2.5.2　蚀变异常信息分布特征

会泽矿区的蚀变异常信息分布范围与强度不均，受到该区地层和构造的限制，最醒目的异常区域为麒麟厂矿床下石炭统摆佐组地层（C_1b）出露范围。其在 QuickBird421 遥感影像上显示为不同于周围背景的暗橘黄色（图 2-14），在 ASTRER7/6 与 Landsat8-OLI4、Landsat8-OLI5 波段的合成图像 A7/6-OL4-OL5 上更是显示为鲜艳的黄绿色（图 2-18），与周围背景的色彩色调明显不同。

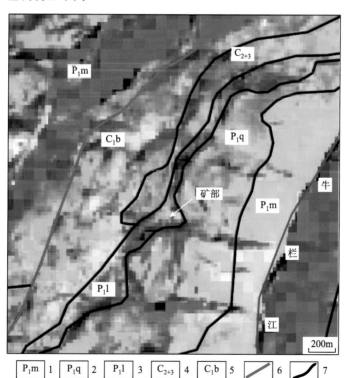

图 2-18　麒麟厂矿床 A7/6-OL4-OL5 图像及地质解译图

1. 下二叠统茅口组；2. 下二叠统栖霞组；3. 下二叠统梁山组页岩；4. 上、中石炭统并层；5. 下石炭统摆佐组；
6. 断层；7. 地层界线

　　会泽矿区内蚀变异常信息分布于麒麟厂环和小竹箐环内，并沿着 NE 向矿山厂断裂带、麒麟厂断裂带和昭通-曲靖断裂带呈带状展布（图 2-19）。从东向西依次可分为4 个带。

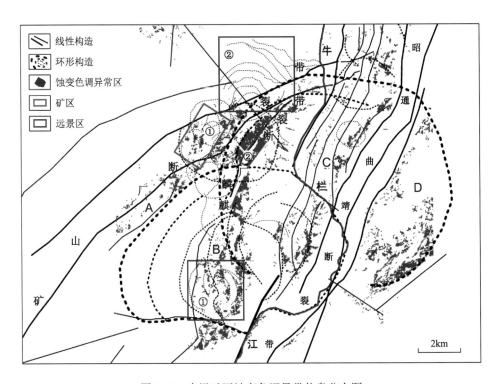

图 2-19　会泽矿区蚀变色调异常信息分布图

矿区：①矿山厂；②麒麟厂。远景区：①车家坪；②小黑箐。
蚀变异常带：A. 矿山厂带；B. 麒麟厂带；C. 牛栏江带；D. 东带

　　（1）矿山厂带：沿着矿山厂断裂带断续分布，西北端起于红石崖地区，由较为零星破碎的图斑至矿山厂逐渐增强为连续图斑。矿山厂矿区由于地表开采干扰等原因，蚀变信息显示为中等强度。西端即小黑箐地区的南部与麒麟厂带聚集在一起。

　　（2）麒麟厂带：北端起于小黑箐地区南部，沿着 NE 向的麒麟厂断裂带和 SN 向的大菜园断裂带发育，一直向南部延伸直至小竹箐环南部，该带是矿区内蚀变信息最强的带。其中沿着麒麟厂断裂带两侧蚀变信息值最高，蚀变色调异常呈条带状分布。麒麟厂断裂尖灭后蚀变信息带继续向南沿着大菜园断裂带稳定延伸。

　　（3）牛栏江带：主要沿着近 SN 向昭通-曲靖断裂带内的东侧次级断裂分布，与各级环形构造交汇部位发育由较集中的色调异常图斑，断续延伸，形成近南北向的色调异常带。

　　（4）东带：此带位于麒麟厂环的东半环，虽然色调异常图斑的面积大，但信息异常值低，地表为中三叠统关岭组下段的灰岩、白云岩。

2.6　会泽矿区遥感找矿标志

（1）环形构造发育区才有利矿床定位：矿区内矿床、富矿体的定位不仅受多组断裂的共同控制，一些小规模的环形构造（一般直径≤2km）与断裂交汇处往往是矿体最富集的有利地段。因为这些小型环形构造多是区域性的褶皱中的次级褶曲、穿窿等在影像上的反映。

（2）上下地层岩性组合：成矿不仅需要成矿热液运移通道，还需要有对流体运移有隔挡作用的边界岩石如页岩。在进行遥感影像解译时不仅要注意含矿层白云岩的分析，还应注意其上覆和下伏地层的岩性和接触关系，能否成为隔挡层，接触面是否为不整合面，特别是平行不整合面易被忽略。

（3）铅锌矿化具明显的层控特征，但局部富集则与线性构造（断裂、节理）密集程度显著相关。多组构造交汇，相互交切联结部位常常为矿化富集所在。

（4）若有较大面积的蚀变异常信息可作为参考。

根据以上遥感找矿标志，在会泽矿区外围圈定小黑箐和车家坪两个远景区（图2-19）。

2.7　远景区遥感影像特征

2.7.1　小黑箐远景区

1. 小黑箐地区线性构造和环形构造

小黑箐地区最重要的构造为 NE 向的矿山厂断裂带，该断裂带影像特征清晰，呈舒缓波状。沿带在矿山厂和小黑箐处发育多个等轴状环形构造，与区域的 NE 向长轴状紧闭褶皱背景不协调。小黑箐地区也发育一个直径约 2km 的环形构造，以多层次的环状水系显示出其环形构造特征（图2-20、图2-21）。此环形构造被矿山厂断裂带分为南北两部分，南部占环体三分之一大小，位于矿山厂断裂的上盘，与地质资料对比，此环形构造南部为一短轴背斜（图2-22），出露的地层齐全，从震旦系灯影组至下二叠统均有；北部三分之二的环体位于矿山厂断裂带的下盘，出露的地层单一，全部是二叠系峨眉山玄武岩，但是环形特征比南部清晰，多级次的环形水系发育。据此推测，此环形构造原为下盘发育构造，当矿山厂逆断层上盘推覆运动时受到了该环形构造的阻碍和限制，并使上盘地层在此处发生局部的褶皱，形成短轴背斜，即上盘的局部次级褶皱是受到下盘隐伏构造控制并继承发展。

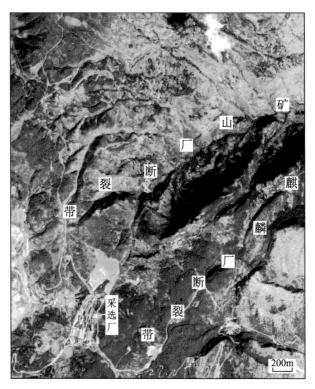

图 2-20 小黑箐地区 QuickBird432 遥感影像

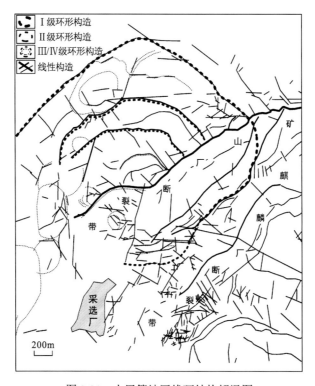

图 2-21 小黑箐地区线环结构解译图

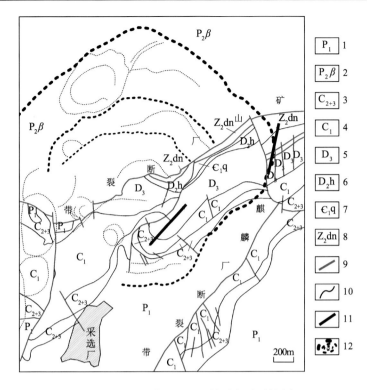

图 2-22 小黑箐地区环形构造与地质简图

1. 下二叠统；2. 二叠系峨眉山玄武岩；3. 上、中石炭统并层；4. 下石炭统；5. 上泥盆统；6. 中泥盆统海口组；
7. 下寒武统筇竹寺组；8. 震旦系灯影组；9. 断层；10. 地层界线；11. 背斜轴；12. 环形构造

2. 小黑箐远景区蚀变异常信息分布特征

小黑箐远景区的蚀变异常信息较强（图 2-23），矿山厂带和麒麟厂带的东段都在远景区内。其中矿山厂带与野外地质勘查的白云石化、方解石化和褐铁矿化异常带地理位置吻合（吴鹏等，2018），特别是在中西部东头断裂与矿山厂断裂交汇一带与白云石化范围基本一致。但是，在麒麟厂带野外地质勘查发现的蚀变强度很低，两种信息对应性不强。

2.7.2 车家坪远景区

NE 向的银厂坡-牛栏江紧闭背斜在小竹箐-车家坪一带被近 EW 向和 NS 向断裂错切为多段，形成多个局部小型穹窿或褶曲，在遥感影像上显示为环形构造群（带）。其中车家坪至牛栏江一带显示出两个直径 4km 的环形构造 R^3xz1 和 R^3xz2（图 2-6）。两个环体相互交叠，交叠区内发育一个次级小环体，称之为车家坪环形构造，即为车家坪远景区，位于矿山厂东南5km 处。车家坪环体内遥感色调异常信息较强，是色调异常带——麒麟厂带的南端（图 2-19）。环体直径仅 1km 左右，被一 NS 向断裂切割为东西两部分，且西半环向南错移了 570m 左右（图 2-24、图 2-25）。与东半环对应的地表出露穹窿构造的一半，地层从二叠系茅口组、栖

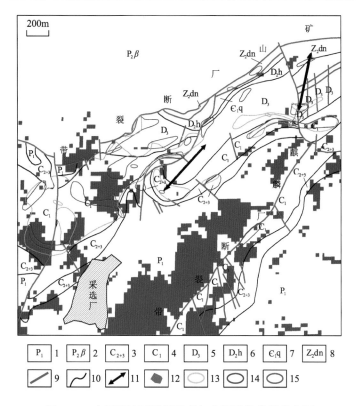

图 2-23　小黑箐地区围岩蚀变与色调异常信息分布图

1. 下二叠统；2. 二叠系峨眉山玄武岩；3. 上、中石炭统并层；4. 下石炭统；5. 上泥盆统；6. 中泥盆统海口组；
7. 下寒武统筇竹寺组；8. 震旦系灯影组；9. 断层；10. 地层界线；11. 背斜轴；12. 色调异常；
13. 白云石化；14. 方解石化；15. 褐铁矿化；

图 2-24　车家坪 QuickBird421 遥感影像

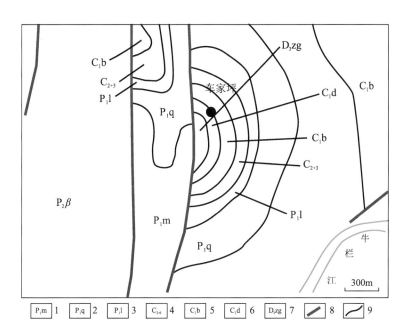

图 2-25　车家坪地区地质图［据熊家镛等（1980）整理］

1. 下二叠统茅口组灰岩、白云质灰岩；2. 下二叠统栖霞组灰岩夹白云岩；3. 下二叠统梁山组页岩；4. 上、中石炭统并层灰岩；
5. 下石炭统摆佐组白云质灰岩、白云岩；6. 下石炭统大塘组白云质灰岩；7. 上泥盆统宰格组灰岩、白云岩；
8. 断层；9. 地层界线

霞组和上、中石炭统、下石炭统摆佐组至上泥盆统宰格组灰岩、白云岩均已经出露地表，而西半坪地表只出露茅口组地层；以 NS 向车家坪断裂为界，将该远景区分为东区和西区。东区地层出露齐全，主要为车家坪环的东环体，西区只出露二叠系玄武岩，对应车家坪的西环体。野外检查以东区为主。与会泽铅锌矿床区的遥感影像对比分析认为，车家坪远景区东区一带虽显示为穹窿环形构造，但是线性构造如小断裂、节理等不发育，野外检查也是如此，仅发现少数几条 NE 向顺层小断裂，没有发现横切地层的断层。远景区东区内所有的碳酸盐岩地层的岩溶作用都比较发育。

　　通过车家坪远景区遥感三维景观图（图 2-26）及野外检查，在麒麟厂一带岩性为页岩的下二叠统梁山组在车家坪岩性变为砂岩、粉砂岩，在地貌上形成一个围绕碳酸盐岩发育的弧形平台，植被较好，一些地段开发为农田。

　　野外检查东区车家坪一带发现，岩溶地貌较为发育，山坡石芽遍布，而矿化信息不强。一个有疑问的现象是，根据地质资料，在西半环范围内车家坪断层西侧的地层主要为二叠系玄武岩，其次为二叠系栖霞组与茅口组灰岩，但是在遥感影像上该处地层影像特征与东半环体的上、中石炭统地层在形态、植被覆盖等呈现对称关系，所以这一区域的地层是二叠系还是石炭系，还需要进一步工作确认。这一套地层与其他灰岩不同，植被普遍覆盖较好，岩性上应为泥灰岩，而不是纯的灰岩或白云岩。另外，此地玄武岩厚度如何？其下伏的地层含矿性如何？这些都值得考虑。

　　通过以上遥感地质分析，推测车家坪远景区东区实为该穹窿构造的一半，另一半地表虽然不见，但是西半环显示此处有隐伏的穹窿构造的另一半，比东区更有找矿前景。

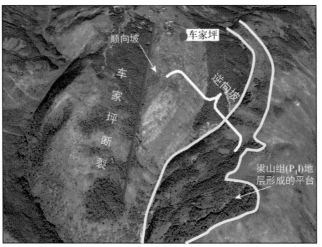

(a) 三维景观图

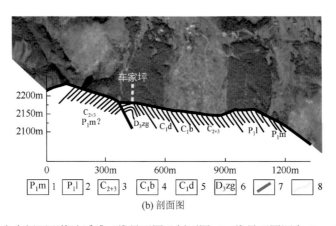

(b) 剖面图

图 2-26　车家坪环形构造遥感三维景观图及剖面图（三维景观图源自 Google Earth）

1. 下二叠统芽口组灰岩、白云质灰岩；2. 下二叠统梁山组页岩；3. 上、中石炭统；4. 下石炭统摆佐组白云质灰岩、白云岩；
5. 下石炭统大塘组白云质灰岩；6. 上泥盆统宰格组灰岩、白云岩；7. 断层；8. 地层界线

第3章 姚安县老街子铅锌矿床遥感影像特征及远景预测

3.1 姚安老街子矿区地质概况

姚安县老街子矿床区于姚安县城 S20°E，平距约 15km，隶属于姚安县太平乡文化村。据最新考古发现，在 1000 多年前的唐朝武则天年代，云南姚州就有金条上贡京城；老街银矿在清朝乾隆年间，产银约两万两，现山上尚存多处采银矿老硐（中国人民武装警察部队黄金第十三支队，2000；张运生和辛荣，2004）。目前已发现老街子铅（银）矿床、白马苴金矿床等约 10 个中小型矿床，姚安老街子板内富碱火山-岩浆杂岩体属于哀牢山-金沙江富碱侵入岩带的一部分，因其富含 Pb-Ag-Au 多金属矿床和特殊大地构造位置被地质学家广泛关注（严清高等，2017）。

3.1.1 地层

矿区所处大地构造位置为扬子板块康滇地轴内的滇中中台陷姚安凹断褶束，属楚雄盆地中偏西部（图 3-1）。基底为古元古界苴林群中深变质岩，盖层为厚约万余米的中生代河湖相红层沉积。

区内地层较为简单，仅在老街子附近出露下白垩统普昌河组，三尖山一带出露上白垩统马头山组地层，新近系分布于勘查区及外围老街子至小水井一带，现自老至新分述如下。

（1）下白垩统（K_1）。普昌河组（K_1p）：灰色、紫色砂质泥岩、泥岩为主，夹粉砂岩、细砂岩，厚 700~1200m。

（2）上白垩统（K_2）。马头山组（K_2m），仅出露其中的六苴段，三分如下。

①六苴段下亚段（K_2ml^1）：紫色、浅灰色长石石英砂岩夹薄层灰色砂质泥岩、粉砂岩，底部见砾岩，厚 25~60m；

②六苴段中亚段（K_2ml^2）：紫色泥岩与砂岩互层，上部多砂岩，下部多泥岩，厚 45~80m；

③六苴段上亚段（K_2ml^3）：以紫色泥岩为主，夹少量紫色砂岩，厚 20~30m。

（3）第四系（Q）。其沿沟谷及低凹地带分布，由附近基岩风化碎块组成，有紫色泥岩、砂岩、粗面岩等碎块，块度 2~5cm，呈半棱角状，选择性差，被黏土及泥质胶结，较疏松，一般厚度 1~10m，最大厚度 15m 左右。

3.1.2 构造

矿区在大地构造位置上处于几组大构造复合部位，基底为近 SN 向构造，而盖层构造

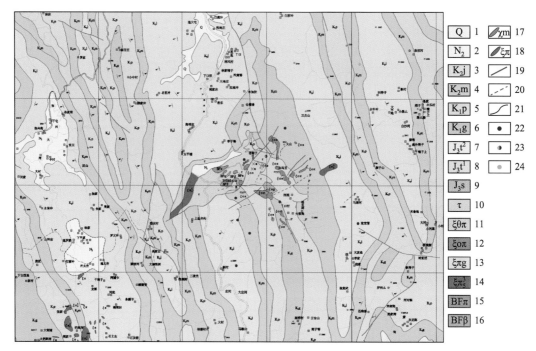

图 3-1　姚安老街子地区地质图［据张运生和辛荣（2004）］

1. 第四系全新统；2. 新近系上新统；3. 白垩系江底河组；4. 白垩系马头山组；5. 白垩系普昌河组；6. 白垩系高峰寺组；7. 上侏罗统妥甸组杂色泥岩段；8. 上侏罗统妥甸组紫色泥岩段；9. 上侏罗统蛇甸组；10. 黑云母粗面岩；11. 石英正长斑岩；12. 黑云母正长斑岩；13. 正长斑岩质火成角砾岩；14. 正长斑岩、二长岩、花岗斑岩；15. 白榴石斑岩；16. 假榴石碱玄岩；17. 煌斑岩脉；18. 正长斑岩脉；19. 断层；20. 推测断层；21. 地质界线；22. 铅矿床；23. 铅、银矿床；24. 铜矿点

却是 NW-SE 向。在矿区范围内，褶皱及断裂发育，火成岩沿断裂侵入或喷溢，火成岩原生裂隙和后期叠加构造互相重叠交切，致使岩石极为破碎，造成矿液流通及沉淀，为成矿提供了良好的空间条件。

矿区构造主要包括近 SN 向的取宝箐向斜、老街子-格苴坪背斜和太平铺-新村向斜，呈长条状自东向西依次平行排列，相距 5km 左右，为区域大新山复背斜的次级褶皱。区内断裂主要为 NNW 向断裂破碎带以及以大新山-文化村为代表的 NEE 向断裂，后者是大新山复背斜的横断层，总体上控制斑岩体集中区的大致展布方向。EW 向和近 EW 向小型构造在区内广泛发育，形成一密集带，可能是区域（近）EW 向隐伏构造的地表表现，严格控制着主要正长斑岩脉以及有关金矿化体的产出（葛良胜等，2002b）。

3.1.3　岩浆岩

区内火成岩较为发育，经测定为喜马拉雅早中期产物，以喷出相的粗面岩为主，其次为浅成侵入相的正长斑岩及各种岩脉。

1. 黑云母粗面岩

黑云母粗面岩呈中心厚、边缘薄、底面不平的"岩席"产出，分布长 7.3km，宽 1.5～2.5km，面积达 9.9km²，厚 5 米至 300 余米。老街子矿段即赋存于该岩体的北东部，颜色多为白色、深灰色及紫色，块状构造，斑状结构，斑晶由粗大的透长石及黑云母组成，基质由透长石、黑云母及辉石等暗色矿物组成，岩石受强烈的热液蚀变，具黄铁矿化、高岭土化、绢云母化及重晶石化，并有次生绿泥石化、碳酸盐化。地表部分由于受风化影响，岩石多呈高岭土，组织疏松，受铁质污染呈黄褐色。岩石原生裂隙受后期构造叠加影响，被切割呈菱形、楔形，极为破碎，为矿液流通及沉淀创造良好的空间条件，是区内最主要的含矿围岩。

2. 粗面岩质火成角砾岩

粗面岩质火成角砾岩呈灰白色，具有明显角砾状构造，角砾由大小不等的粗面岩碎块及砂泥岩碎块组成，被粗面岩胶结，胶结物中有明显的透长石晶体出现。岩石具高岭土化、黄铁矿化、绢云母化及绿泥石化等。方铅矿呈细脉及散点状浸染，局部呈网状、块状分布，为本区主要的含矿围岩，分布于粗面岩体边缘及底部，厚度不等，有几十厘米至一百米以上，呈波状起伏，与上下岩石接触为渐变关系，是粗面岩与普昌河组砂泥岩之间的过渡带。

3. 黑云母正长斑岩

黑云母正长斑岩呈不规则岩栓或岩脉，侵入于沉积岩及粗面岩中，颜色为暗褐黄色、灰白色，风化后色变浅。岩石呈斑状结构。斑晶由巨粒的钾长石及少量的黑云母构成，其排列显方向性。基质由钾长石及少量黑云母、辉石、石英构成。岩石普遍高岭土化、绿泥石化，局部受弱黄铁矿化及弱绢云母化。

4. 正长斑岩质火成角砾岩

正长斑岩质火成角砾岩呈灰白色，具明显的角砾状构造，角砾成分由大小不等的粗面岩碎块、砂泥岩碎块及黑云母正长斑岩碎块组成，大部分为火山碎屑物胶结。岩石有钾长石斑晶出现，具高岭土化、绿泥石化及局部弱黄铁矿化，分布于主岩体边缘，厚度不等，呈波状起伏。

5. 石英正长斑岩

石英正长斑岩分布点较多，但规模不大，主要呈脉状、柱状，为青灰色、灰白色。岩石呈斑状结构，块状构造。斑晶为正长石，基质除钾长石及黑云母外，尚有少量石英。岩石普遍已高岭土化、黄铁矿化、绿泥石化及绢云母化，在老街子主要呈岩栓侵入于粗面岩中，亦有较小呈岩脉侵入于沉积岩中。

6. 白榴岩类

白榴岩类岩石呈岩脉及小岩枝产于粗面岩底部，同时常呈脉状侵入粗面岩中，计有白榴石斑岩、辉石白榴石斑岩、白榴石岩及白榴石质火成角砾岩，呈灰、灰绿色，块状构造，斑状结构。斑晶主要由白榴石构成，偶见有辉石。基质为白榴石、透长石、黑云母等。

7. 脉岩类

脉岩类岩石主要为正长细晶岩及云煌岩。正长细晶岩为灰色、紫灰色，斑晶为钾长石，具定向排列。基质为钾长石、黑云母，多产于粗面岩原生裂隙中，部分在沉积岩中。云煌岩为灰黑色、灰黄色，少见正长石组成斑晶，侵入于多类岩石中。两种脉岩规模均不大。

上述各种岩类，其生成顺序为：粗面岩类—正长斑岩类—白榴岩类—脉岩类。

3.1.4　围岩蚀变

本区蚀变种类较多，计有绢云母化、镜铁矿化、碳酸盐化、绿帘石化、绿泥石化、角岩化、重晶石化、高岭土化、黄铁矿化等，而与矿化关系密切者初步认为有黄铁矿化、高岭土化和重晶石化。其蚀变又视其岩石性质不同而各有偏重，在火成岩内则黄铁矿化、高岭土化明显；在沉积岩中则黄铁矿化、重晶石化较明显。黄铁矿化、高岭土化和重晶石化三种蚀变可作为本区域的找矿标志。

1. 黄铁矿化

黄铁矿化广泛发育于火成岩及含砂质的沉积岩中，多与铅矿化相伴生。黄铁矿化常以细小自形晶体侵染于围岩中，呈散点状分布，在构造裂隙内亦有富集成脉状者，在岩石中一般含量 2~5%，致密侵染者可达 20%以上。其生成稍早于铅，故多被方铅矿交代，与铅矿紧密伴生。

2. 高岭土化

高岭土化广泛发育于火成岩体内，分布形态大致与铅矿化相似，其强度与铅矿化成正比关系。岩石高岭土化后，一般蚀变退色呈浅灰白色，岩石质地疏松破碎，孔隙度大，利于矿液的交代和沉淀。从化学成分上看，未遭受蚀变的岩体（黑云母粗面岩或正长斑岩），原生 Al_2O_3、SiO_2、CaO、MgO 含量较高，不利于矿化，反之则利于矿化。

3. 重晶石化

在火成岩中一般蚀变较弱，多以细小粒状浸染于岩石中，局部沿构造呈细脉状与方铅矿伴生；在沉积岩中则远较火成岩中强烈，多呈粗大的重晶石脉产出，一般厚 2~10cm，延长中等，呈时隐时现的串珠状，在脉旁呈浸染状，含量 1%~5%，粒度 0.05~0.25mm。在构造压碎带中的空隙处，有呈略似菊状的聚片晶簇产出，结晶粒度约为 0.8mm×0.3mm。重晶石化与铅矿化呈明显的正比关系。

3.2　遥感地质背景

3.2.1　楚雄地区（盆地）影像特征

姚安县老街子矿区位于云南楚雄盆地中部，大地构造单元属于扬子板块西部，康滇古陆中段，滇中中台拗中部东侧，姚安凹断褶束西南缘。楚雄盆地四周均以断裂为边界，东侧以绿汁江-普渡河断裂与康滇地轴长期隆起的元谋古陆相隔，西南部及西部为红河断裂和程海断裂所限，同滇藏褶皱系巴颜喀拉褶皱带相邻，北部有渡口断裂和属于同一裂谷带的北段华坪-盐源隆起接壤。楚雄盆地为一北宽南窄楔状大型中、新生代沉积-裂陷构造盆地，走向南北长 305km，东西宽度平均 125km，面积 36600km²，裂陷深度 10km 以上。

楚雄盆地基底构造主要由元古界的一套变质岩组成。晋宁运动以后长期隆起，直到中生代侏罗纪才又接受盖层沉积。在漫长的地质历史时期中，经受多次的地壳运动，构造形态比较复杂。

在遥感影像上，楚雄盆地为一个独立的影像地质单元（图 3-2、图 3-3），东西两侧分别以 SN 向的程海-宾川断裂带和绿汁江断裂带为影像地质单元边界，西南部以 NW 向的红河断裂带为界限，向北在永胜-华坪一带与攀西裂谷相接。上述三条区域性的断裂带在遥感影像上清晰醒目，所挟持的楔形区内发育一个轴向 NNW 向的椭圆状环形构造，称之为楚雄环。环体北起永胜、华坪，南至双柏，长轴约 240km；西起宾川、祥云，东至元谋，短轴约 120km，环体北端稍宽，南端稍窄。环体显示了楚雄盆地的主体部分，在遥感影像上是盆地内厚约万余米的中生代河湖相红层沉积盖层的反映。

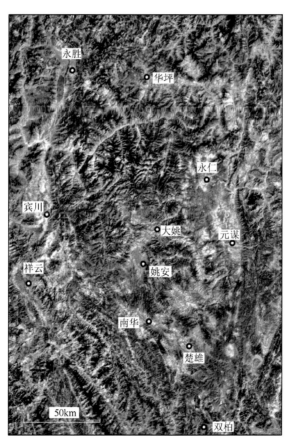

图 3-2　楚雄盆地 ETM321 遥感影像

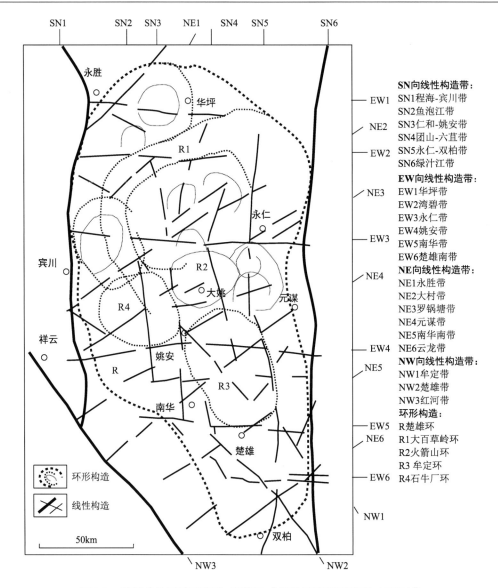

图 3-3　楚雄盆地遥感影像线-环构造［据杨世瑜和王瑞雪（2003）］

　　在楚雄盆地影像地质单元内，发育多条与区域性 SN 向断裂带和 NW 向断裂带平行的线性构造带，其中 SN 向线性构造带间隔约 15～20km，在中部尤为明显，可称为大姚-牟定线性构造系；NW 向线性构造带主要分布于该区南部，平行于红河断裂带。此外还发育NE 向线性构造带，大致呈 20～30km 间隔出现，多条模糊、断续但延伸稳定的 EW 向线性构造带呈 40～50km 左右间距产出。

　　楚雄环内有低一级的环形构造，其数量较少且较为模糊、隐晦，但在环体的近 SN 向轴部大姚—姚安一带，发育多个次级环体，并呈 NNW 向排布形成环带，这是大姚—姚安—楚雄一带发育的短轴背斜、穹窿构造在遥感影像上的显示。

3.2.2 老街子矿区及周边地区遥感影像特征

1. 影像色调纹理特征

在姚安老街子矿区及其周边地区的遥感影像上，除几个盆地区域外，整体影纹细碎，沟谷密集，发育格状–树枝状水系，显示了该区地面大面积出露碎屑岩地层的特征（图3-4、图3-5）。该区域整体色调较浅，有植被覆盖的区域比裸露地区色调深，但在姚安以东老街子–中屯地区的植被覆盖区域的色调比其他植被覆盖区的色调浅，特别是在近红外波段反射率很高，如在 ASTER132 遥感影像上（图3-4），显示为鲜艳的浅绿色，正常林区植被区应为暗绿色。在老街子—中屯一带，浅绿色的植被较好区域呈 NNW 向条带状展布，植被较差的区域呈浅粉色 NNW 向条带展布，二者相间分布，与地层走向一致。浅绿色条带地貌上为较高的山脊地带，其分布范围往往与上白垩统马头山组（K_2m）的地面出露范围一致，少量地段为上白垩统江底河组（K_2j）（此两套地层为区域上的沉积铜矿含矿层）。江底河组（K_2j）与普昌河组（K_1p）地层出露区域植被覆盖较差，对应于反射率高的浅粉色 NWW 向条带，地貌上为沟谷两侧较缓的山坡，多已被改造为梯田，也有较陡的山坡上为林地，但是生长状况较差。在真彩色遥感三维景观图上（图3-6），上述在 ASTER132

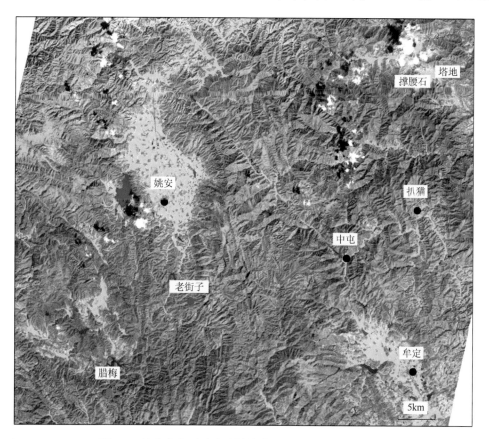

图 3-4 姚安老街子矿床及周边地区 ASTER132 遥感影像

遥感影像上的浅绿色条带显示出与正常植被相近的暗绿色（但与其他地区相比，色调仍然偏亮），浅粉色条带内的植被则完全显示为灰棕色，似乎植被受到"病害"。

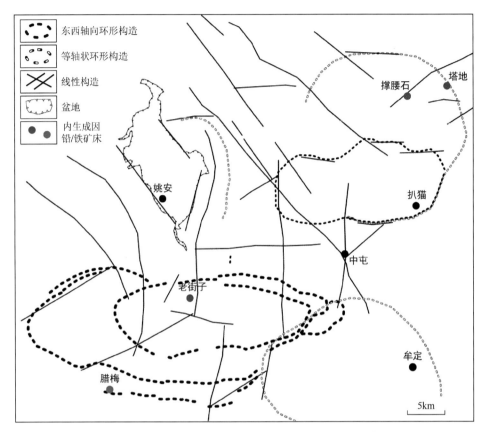

图 3-5　姚安老街子矿床及周边地区线-环构造纲要图

图 3-6　白马苴地区 QuickBird 真彩色遥感三维景观图

图像源自 Google Earth

2. 线–环构造格局

姚安老街子矿床及外围地区线性构造和断裂发育（图 3-4、图 3-5），是 NW 向、NE 向、NNW 向、NS 向和 EW 向多组构造交汇地区。各方位构造相互交错，规模不一，清晰程度不同。

（1）NW 向断裂带：此方位断裂带是研究区内最醒目清晰的线性构造，是平行于区域性红河断裂带的次级断裂带，线性影像特征清晰，规模大，延伸长，并以 6km 的距离等间距发育，对应的地面地表已有断层发育。沿断裂带河谷呈直线状，有的地段形成拉分盆地（如姚安盆地）。NW 向断裂带往往将其他方位的构造切断错开。

（2）NE 向线性构造带：这一类型的线性构造带分布不均匀。在研究区域中部的 NS 向姚安断褶束区域范围的 NE 向线性构造与断褶束两侧不同。在断褶束两侧的 NE 向线性构造为区域性的 NE 向断裂带在遥感影像上的显示，在姚安的西南部为色调分界面和小型线状盆地的边界，在东部为延伸较长的直线状河谷，它们以 5km 的间距等距离平行发育；在 NS 向的姚安断褶束区域内，NE 向的线性构造发育非常密集，地貌上为间距仅 500m 的直线状冲沟，延伸较短，刻痕清晰，剖面呈狭窄的"V"形。将 NNW 走向的白垩系地层切断但并无错移，推测这一类型的 NE 向线性构造是与褶皱轴、地层走向垂直的密集节理带，是仅发育在局部的线性构造。

（3）NNW 向线性构造带：研究区内的地层走向主要为 NNW 向，在遥感影像上可见多条不同色调色彩、纹理的 NNW 向条带。故认为 NNW 向线性构造带是地层界线和数条顺层断裂带在遥感影像上的反映。

（4）NS 向线性构造带：相对前三种方位的构造，此构造显得模糊，主要表现为使一些小型的冲沟发生同步弯曲，或者为不同水系类型的分界面，局部有直线状沟谷展布。NS 向线性构造带以 9km 的间隔等距离发育，与 NNW 向的地层界线小角度相交。

（5）EW 向构造带：这是最为模糊、隐晦的一类构造。一些断续但延伸稳定的细纹以及多个呈 EW 轴向的透镜状环形构造揭示了 EW 向构造在该区的影响。地表局部地段有 EW 向断裂出现。

EW 轴向的透镜状环形构造主要是沙桥—老街子—牟定一带的近 EW 轴向的透镜体和中屯北—扒猫一带的透镜体。前者长轴长 38km 左右，短轴宽 12km 左右；其西部边缘为宽大的弧形沟谷，色调浅；东部边缘是狭长的弧形沟谷；中部与 NEE 向和 NWW 向线性构造共拥边界。后者长轴长 22km 左右，短轴宽 10km 左右，南北两侧的边界均为蜿蜒呈 EW 流向的河流，与地质资料对比，中屯北-扒猫透镜体可能是数个 EW 向排列的短轴背向斜在遥感影像上的反映。

根据地质资料，在滇中中台拗陷带的东部，元谋—姚安—牟定一带出露的早元古代变质岩系，早期的构造线方向是 EW 向和 NEE 向，出露了一系列的 EW 向褶皱和断裂，其后被 SN 向的断裂和 SN 向分布的基性、超基性岩群所切割。从物探重力资料来看，这一区域存在一个规模巨大的 NWW 向重力低异常区，显示基底存在一个 NWW 向拗陷。在区域遥感影像上，云南省西起永平，经巍山、祥云、宾川，到姚安、大姚一线，存在着一条近 EW 向的隐伏构造带，因此推测该区内的 EW 轴向透镜体是基底近 EW 向凹陷的一部分，它和两侧的 EW 向线性构造带是隐伏的 EW 向构造带在遥感影像上的显示。在南华-姚安地区，广泛分布碱性侵入岩、喷发岩体和碱性岩脉，绝大多数呈 NE-EW 向展布，这些岩体侵入到新近系以前的各时代地层中，受近 EW 向隐伏构造带和 SN 向构造带交汇部位控制。

3.3　老街子矿床环形构造

在高分辨率老街子矿床及周边地区的 QuickBird421 遥感影像上，该区域环形构造发育，主要是以环形水系、环形山脊或者放射状水系显示，影像特征清晰（图 3-7）。少数以色调或纹理显示其环形范围，比较模糊。清晰的环形构造有文化村环（R1）、老街子环（R2）、格苴坪环（R4）、白马苴环（R8）和三尖山环（R7），比较模糊的环形构造有大窝铺环（R3）、李子箐环（R5）和三峰山环（R6）。矿区北部的环形构造李子箐环和三尖山环内地表并无侵入岩体或火山岩体出露，而矿区北部的三峰山环、中部和南部的环体内地表出露以次火山岩、火山岩等为主，如文化村环和老街子环，或者以沉积地层为主，但有多个岩脉出露，如大窝铺环、白马苴环和格苴坪环。

图 3-7　姚安老街子矿区遥感影像及环形构造图（QuickBird421）

R1. 文化村环；R2. 老街子环；R3. 大窝铺环；R4. 格苴坪环；R5. 李子箐环；R6. 三峰山环；R7. 三尖山环；
R8. 白马苴环；R9. 上村环

矿区内的环形构造按规模可分为直径 2km 左右、直径 1km 左右、直径 0.5km 和更小规模的环形构造。其中文化村环（R1）直径 2km，在其内部发育多个小型的环形构造，老街子环（R2）直径只有 1km 左右，并且其内部是同心环状的次级环。其他比较重要的环形构造有格苴坪环（R4）和白马苴环（R8）。这 4 个环形构造内部均已有矿床发现。

此外，有 3 个小型的环形构造与老街子环特征相似且规模相近（图 3-8），分别是李子箐环（R5）旁侧的卫星环 R5-1、上村环（R9）旁侧的卫星环 R9-1 和格苴坪环（R4）旁侧的卫星环 R4-1。它们规模相近，发育放射状-环状水系，环体内部均匀较大面积的色调异常图斑（棕黄色或铁灰色）。

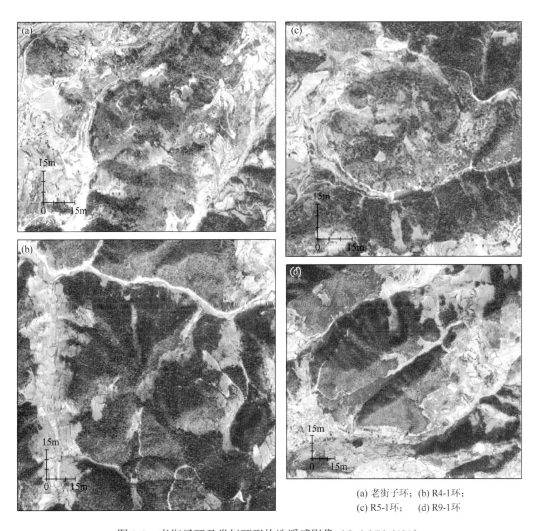

(a) 老街子环；(b) R4-1环；
(c) R5-1环；　(d) R9-1环

图 3-8　老街子环及类似环形构造遥感影像（QuickBird421）

3.4　典型矿床微构造分析

1. 老街子矿床微构造分析

老街子铅锌矿床位于老街子环形构造内。在高分辨率遥感影像上，环形构造内部的微地貌和微构造显示清晰, 特征明显 (图 3-9)。老街子矿床所在地为一锥形山体, 山体西部有 4 条放射状水系, 东部有放射状山脊线; 半山腰及山底下为环状水系。山体底部呈圆形, 直径约 80m, 顶部呈椭圆形, 东西轴长 28m 左右, 南北轴长约 20m, 中间塌陷, 局部形成洼地。地质资料显示, 环体内地表主要出露次火山岩等, 故推测这一洼地范围为火山口, 老街子环形构造可能为一古火山锥, 已发现的铅矿体正位于火山口下方的火山通道之内。

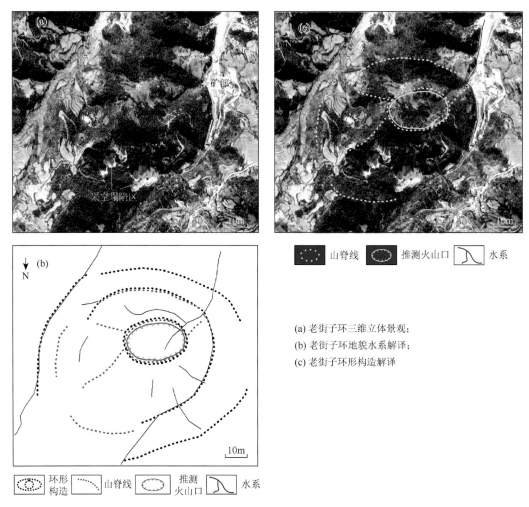

山脊线　　推测火山口　　水系

(a) 老街子环三维立体景观;
(b) 老街子环地貌水系解译;
(c) 老街子环形构造解译

环形构造　　山脊线　　推测火山口　　水系

图 3-9　老街子环形构造微地貌与微构造解译图

2. 文化村环形构造微构造分析

文化村环形构造位于老街子环形构造和老街子矿床的西侧, 但其规模远大于老街子环形构造, 其内部结构更加复杂 (图 3-10)。文化村环呈 NEE 轴向的椭圆形, 长轴长约 2.3km, 短轴宽 1.4km 左右。文化村环形构造边界清晰, 南部、东部边界为弧形沟谷, 并与一条 EW 向线性构造带 (F_1) 相切, 南部范围似受其限制; 北部、西部边界为弧形山脊线, 同时受到 EW 向线性构造带 (F_2) 限制。

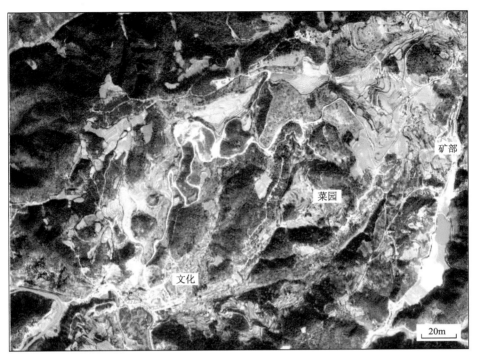

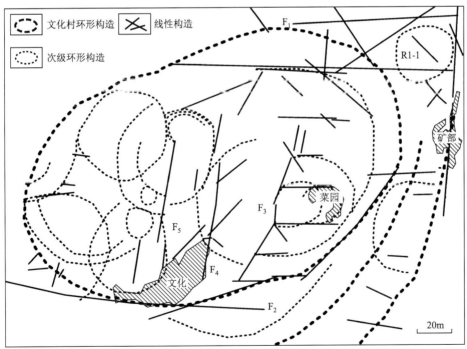

图 3-10　文化村环形构造遥感影像及线–环结构解译图

　　文化村环形构造内部及边缘次级环形构造发育,规模大小不一,从数米到几十米都有。其中矿部北侧的 R1-1 环形构造已证实为一隐爆角砾岩筒。

　　文化村环体内另一比较重要的次级环形构造为菜园环形构造。其直径约 70m，大小规模及特征与老街子环形构造相似，但是被一近 SN 向线性构造带（F_3）切割为东西两部分，东半环体又被 4 条等间距分布的 EW 向线性构造带切割为 3 个 EW 向条块。中部的条块内部上叠加有更次级的直径为 15m 左右的环形构造，地貌上也呈环形山凹，菜园村的建筑及农田也呈环形分布。菜园环形构造的南北两侧也发育有 EW 向线性构造带，菜园环体内外共有 6 条，但都限于 SN 向线性构造带 F_1 的东部，它们以 17～20m 的间隔等间距发育，延伸 10～30m 长，地貌上为直线状沟谷。

　　SN 向的线性构造带在文化村环体内共有 3 条，另外两条（F_4 和 F_5）位于 F_3 的西侧，F_4 也切穿了菜园环形构造。它们规模较大，延伸长，往往切穿整个文化村环形构造。在老街子—各苴坪一带也发育相似的线性构造带，它们以 35～40m 左右的间隔等距发育。

　　文化村环形构造与内部及周边线性构造之间相互交切的关系反映了该环形构造的复杂性及该地区活动的多期次性。初步认为，文化村环形构造是一复杂的复式环体，其内部多种规模等级的次级环形构造反映其岩浆活动的多期性和不同规模。文化村环形构造的发育受到区域近 EW 向的线性构造（F_1 和 F_2）的限制，该区局部发育一些相对晚期的近 SN 向性线构造和 EW 向线性构造，它们与文化村环形构造及其内部的次级环形构造呈切割关系。

3.5　老街子矿区植被色调异常

　　在老街子矿区及其周边地区，地表看似相同的植被在一些增强处理后的遥感影像上显示出不同的色调和颜色，如图 3-11 中 QuickBird421 遥感影像拉伸增强处理后的图像上，植被显示出深红色（PROFILE#1.4）、棕黄色（PROFILE#1.1）和铁灰色（PROFILE#1.2）三种色调。利用测光谱的工具，在遥感影像上分别选取三种色调的植被及裸地，测量其光谱特征（图 3-12）。一般情况下，健康植被在近红外波段（B4）强烈反射，在红光波段（B3）和蓝光（B1）波段强吸收，在绿光波段（B2）弱反射，所以在 QuickBird421 遥感影像上应是深橘红色调。但在老街子矿区的植被均有不同程度的变异现象。总体来讲，植被在蓝光波段反射增强，铁灰色植被和深红色植被的蓝光波段反射强度甚至超过了绿光波段的反射强度，推测可能是植被的叶绿素受到围岩蚀变的影响，与围岩蚀变使矿区土壤中铁离子含量比正常地区土壤中含量高有关。铁灰色植被在近红外波段的反射强度急剧下降，可能是因其叶片的含水量下降所致。

　　根据这一分析及野外观察，利用监督分类、聚类分析和重编码等方法，初步获得老街子矿区色调异常分布图（图 3-13）。这个图的精确度还有待提高，有的区域受到坡向的影响，一些阴坡的健康植被与呈铁灰色异常的植被产生混淆。下一阶段将筛查这类假异常，区分蚀变类型和划分蚀变强度级别。

图 3-11 老街子矿区 QuickBird421 增强图像（局部）

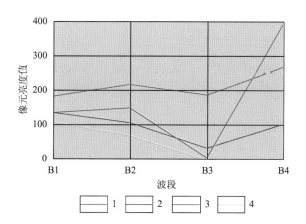

图 3-12 三种植被及裸地的光谱特征

1. 棕黄色植被 PROFILE#1.1；2. 铁灰色植被 PROFILE#1.2；3. 裸地 PROFILE#1.3；4. 深红色植被 PROFILE#1.4

□ 棕黄色植被异常　　■ 铁灰色植被异常　　▨ 深红色植被异常　　▩ 健康植被

图 3-13　老街子矿区及周边植被色调异常分布图

3.6　老街子矿床及外围地区围岩蚀变异常信息提取

老街子矿床的围岩蚀变有赤铁矿化（镜铁矿化）、绢云母化、高岭土化、黄铁矿化、重晶石化、碳酸盐化等，为获取老街子矿床及周边地区的围岩蚀变信息，本书利用 USGS 光谱库矿物波谱曲线，分析以上蚀变矿物的波谱特征，选择主成分分析、多重分形模型的 C-A 法等图像处理方法提取了蚀变信息。

1. 遥感异常信息提取方法

以赤铁矿为例，研究分析赤铁矿的波谱曲线（图 3-14），发现赤铁矿在 ASTER 数据的 B4 和 B14 波段为吸收谷，B9、B10 波段为反射峰，故认为选取 B4、B9、B10、B14 波段进行主成分分析，可以提取绝大多数赤铁矿信息。主成分分量 PC3 表征为在 B4、B14 波段贡献应与 B9、B10 波段相反，且 B10 波段具有高载荷的特征，可确定 PC3 分量为赤铁矿化异常分量（表 3-1）。对 PC3 赤铁矿化异常分量应用 C-A 法，以异常分量灰度值（DN）及像元数量分别作为 C-A 法中的 "C、A" 来考虑，生成 log-log 图（图 3-15）。分析 log-log 图分形特征，通过最小二乘法进行两段直线段的拟合，将图上两条直线的交点横坐标作为分形滤波器的阈值（−1.36301），并认为该阈值为背景与蚀变异常的分离值，选取该阈值即可进行地质背景与赤铁矿化矿致蚀变异常的分离。将得到赤铁矿蚀变异常信息进行均值滤波去除散点后,以多元统计分析为基础,采用均值加 N 倍的标准差做异常切割,可使各级异常有一个统一的标准,通常情况下切割到 3 级异常。N 值确定依据工作区实际情况不同,本书依据相应的地质资料及实际情况,选取 N 值分别为 3、4、6 将赤铁矿蚀变异常由高到低切割为 1~3 级异常。

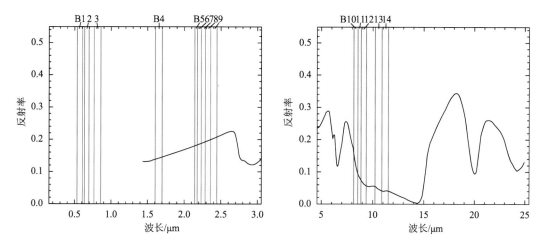

图 3-14　赤铁矿波谱曲线

表 3-1　赤铁矿主成分分析特征统计表

	B4	B9	B10	B14
PC1	−0.02382	−0.018925	−0.570312	−0.820865
PC2	−0.685507	−0.583517	−0.341251	0.270436
PC3	0.33921	0.271549	−0.747133	0.502981
PC4	−0.643778	0.765121	−0.009196	0.007431

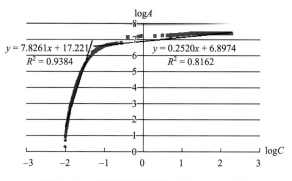

图 3-15　赤铁矿遥感异常分量 log-log 图

类似方法,同样分析和提取了绢云母化、黄铁矿化、重晶石化、碳酸盐化和高岭土化几种矿物信息(其他蚀变矿物光谱图、遥感异常分量 log-log 图及主成分分析特征统计表略)。

2. 老街子矿区蚀变信息分布特征

遥感蚀变信息提取结果显示，老街子矿区及其外围地区围岩蚀变信息明显（图3-16），各种蚀变相互叠加，已知矿床（点）均位于蚀变较强区域，蚀变信息分布具有如下特征。

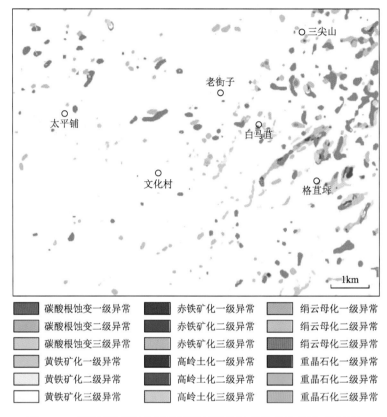

▓ 碳酸根蚀变一级异常	▓ 赤铁矿化一级异常	▓ 绢云母化一级异常
▓ 碳酸根蚀变二级异常	▓ 赤铁矿化二级异常	▓ 绢云母化二级异常
▓ 碳酸根蚀变三级异常	▓ 赤铁矿化三级异常	▓ 绢云母化三级异常
▓ 黄铁矿化一级异常	▓ 高岭土化一级异常	▓ 重晶石化一级异常
□ 黄铁矿化二级异常	▓ 高岭土化二级异常	▓ 重晶石化二级异常
□ 黄铁矿化三级异常	▓ 高岭土化三级异常	▓ 重晶石化三级异常

图3-16 老街子矿床及外围地区遥感矿化蚀变分带信息图（局部）

（1）蚀变信息主要分布在姚安盆地以东姚安-老街子-云台山 NS 向断裂带与牟定-中屯 NW 向断裂挟持的三角形区域内，各种蚀变异常叠加出现。

（2）蚀变异常信息整体呈 NW-NNW 向展布，但单个蚀变信息分布形态往往呈 NE 向条带状，与 NE 向密集线性构造带相伴产出。

（3）在三尖山及其以北地区，蚀变与环形构造位置耦合，常在环体边缘呈环带状分布或者位于环体的中心。

（4）老街子矿区西部和中部地区以绢云母化和赤铁矿化蚀变为主，且具有围绕古火山口或者斑岩体呈环带状分布的特点，如太平铺和老街子地区。三尖山—格苴坪一带重晶石化、绢云母化增多。

3.7 远景区预测

在老街子矿床的外围地区，特别是东部地区，虽然地表为白垩系碎屑岩地层，没有或者仅有零星岩脉出露，但蚀变信息较强。结合地质资料分析，圈定以下远景区供下一步勘查工作参考（图 3-17）。

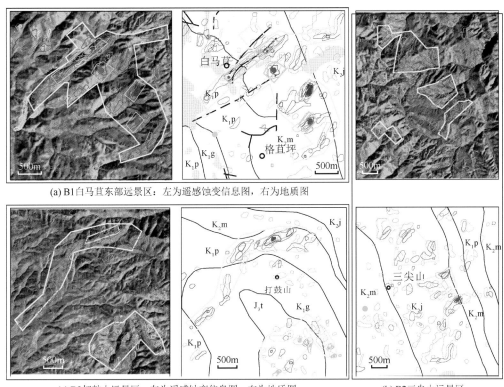

(a) B1白马苴东部远景区：左为遥感蚀变信息图，右为地质图

(c) B3打鼓山远景区：左为遥感蚀变信息图，右为地质图

(b) D2二尖山远景区：
上为遥感蚀变信息图，下为地质图

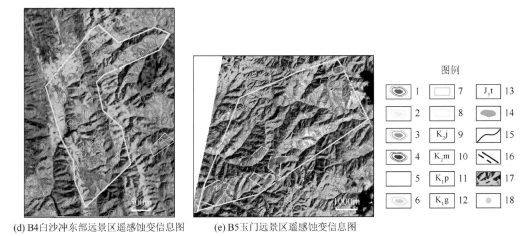

(d) B4白沙冲东部远景区遥感蚀变信息图

(e) B5玉门远景区遥感蚀变信息图

图 3-17　老街子矿床外围地区重要远景区遥感蚀变信息图

1. 1~3 级镜铁矿化异常；2. 1~3 级碳酸盐化异常；3. 1~3 级绢云母化异常；4. 1~3 级高岭土化异常；5. 1~3 级重晶石化异常；6. 1~3 级黄铁矿化异常；7. A 类远景区；8. B 类远景区；9. 上白垩统江底河组；10. 上白垩统马头山组；11. 下白垩统普昌河组；12. 下白垩统高峰寺组；13. 上侏罗统妥甸组杂色泥岩段；14. 斑岩；15. 地层界线；16. 断裂；17. 浅绿色植被色调异常；18. 铅（锌）矿床

C 类远景区：姚安-老街子-云台山 NS 向断裂带与牟定-中屯 NW 向断裂挟持的三角形区域可圈定为 C 类远景区。

B 类远景区：在 C 类远景区范围内或其周围，位于环形构造边缘或中心，线性构造发育密集，有两种及以上二级蚀变信息异常区域，可圈定为 B 类远景区。

A 类远景区：在 B 类远景区范围内，有一级蚀变信息异常信息，可圈定为 A 类远景区。

比较重要的 B 类和 A 类远景区详述如下。

（1）B1 白马苴东部远景区：位于白马苴-格苴坪以东地区，呈 NW 向的条带，NW 长 3.5km。这一区域 NE 向线性构造和环形构造非常发育，植被色调异常范围大；多种蚀变信息叠加分布，蚀变异常信息呈 5 个 NE 向条带，沿着 NE 向线性构造分布，有 4 个镜铁矿化一级异常和 1 个高岭土化一级异常以及多个绢云母化、镜铁矿化、高岭土化和重晶石化二级异常区。该远景区内根据一级蚀变信息异常圈定有 4 个 A 类远景区。

（2）B2 三尖山远景区：位于三尖山地区。该区域为一个多环层复式等轴状环形构造，植被色调异常范围大，蚀变信息异常位于其环体中心或在其外环层呈环带展布。该远景区圈定有 4 个 B 类远景区和 1 个 A 类远景区。

（3）B3 打鼓山远景区：位于研究区东部打鼓山一带，并位于短轴背斜的转折端，遥感影像上为一多环层复式等轴状环形构造，蚀变信息异常位于其环体中心或在其外环层呈环带展布，在外环层和环体中心各圈定有 1 个 B 类远景区。外环层远景区呈 NE-NW-NE 的弧形条带，长 4.8km，宽 300～700m，在其中圈定 1 个 A 类远景区。

（4）B4 白沙冲东部远景区：位于研究区的北部白沙冲以东，呈 NE-NW 向条带，NW 长 3.5km，NE 宽 3.3km。这一区域 NE 向线性构造发育，植被色调异常范围大，规模强；多种蚀变信息叠加分布，有 4 个镜铁矿化一级异常和 1 个绢云母化一级异常以及多个高岭土化、镜铁矿化、高岭土化和重晶石化二级异常区。该远景区内根据一级蚀变信息异常圈定有 3 个 A 类远景区。

（5）B5 玉门远景区：位于研究区的西北角，呈 NE 向梯形条块，向 SW 延伸到研究区外。这一区域地表出露白垩系江底河组（K_2j）地层，属于 NW 向背斜的东北翼，除有零星的小型短轴背斜外，总体地层产状平缓。但在遥感影像上，这一区域环形构造密集发育，色调较浅，特别是镜铁矿化蚀变异常范围广强度大，另外碳酸盐化和绢云母化异常也较强。根据区内镜铁矿化一级异常的分布，划分 5 个 A 类远景区。

第4章 鹤庆北衙金铅锌多金属矿床遥感影像特征

4.1 北衙成矿区地质简况

北衙地区是一个与喜马拉雅期富碱斑岩活动有关的中、低温热液复合式多金属成矿区,以金为主,伴生铜铅锌有色金属和铁锰黑色金属。北衙金多金属矿床是一个开采历史悠久的矿山,始于明朝万历年间。在21世纪初,北衙矿区探明的金矿资源量超过120t,其中古砂金可达50t。复合式铁铅锌矿矿石量不少于1000万t,其中铁金属量大于500万t,铅金属量不少于20万t,锌不少于10万t。截至2012年,矿区探明的金矿储量已大于200t,矿床平均品位$w(Au)$为2.45g/t,达到超大型规模,其伴生铅锌银铜铁硫也分别达到大-中型规模(和中华等,2013;蔡新平等,2002)。

4.1.1 区域地质背景

北衙金铅锌多金属成矿区位于金沙江-哀牢山富碱斑岩带中段——丽江-大理地区喜马拉雅期富碱斑岩及其相伴的斑岩铜金铅锌多金属矿床集中发育的地段。大地构造上北衙金多金属矿床位于义敦岛弧与扬子陆块和金沙江-红河板块碰合带的结合部位,位于扬子板块的西部边缘,被夹持在NNW向金沙江-红河板块碰合带、近SN向宾川-程海断裂和丽江-木里断裂之间。矿区及外围出露地层以三叠系为主,其次是上二叠统峨眉山玄武岩及古近系始新统和第四系更新统沉积,其中,三叠系主要为三角洲-滨浅海碳酸盐岩台地-砂泥质浅海斜坡浊积岩相-滨浅海碳酸盐岩台地-滨浅海陆棚-三角洲相沉积。在喜马拉雅期,北衙地区受印度板块和欧亚板块碰撞造山的影响,在北衙地区发育了多期的构造-岩浆作用和成矿作用。

区域上发育基性、中性、酸性及碱性岩类岩浆活动,可划分为3个岩浆活动时期:华力西期以基性辉长岩、二叠纪玄武岩岩浆活动为主;燕山期—喜马拉雅早期主要为富碱的石英斑岩、辉石正长岩、花岗斑岩及石英闪长岩、正长斑岩和煌斑岩岩浆活动;喜马拉雅期主要为中酸性富碱斑岩的侵入及苦橄玄武岩、橄斑玄武岩、碱性岩的喷溢(和文言等,2013),分布于金沙江-红河板块碰合带(断裂带)附近,与北部西藏玉龙斑岩带相连,在区域上构成规模较大的金沙江-哀牢山富碱斑岩带及斑岩成矿带。北衙矿区及其外围的富碱岩体及其金多金属矿床(点)就位于该带的富碱斑岩群内。区域矿产以与富碱斑岩密切相关的贵金属、有色金属和铁等黑色金属为主。矿床类型有斑岩型、矽卡岩型、热液充填型、爆破角砾岩型和叠加热液改造型金多金属矿床以及红土型金矿等。

4.1.2 成矿区地质特征

北衙成矿区地形上为一个小型的SN向山间盆地,已知的矿化带和主要的矿体分布在该盆地的东西两侧的山坡上。北衙金铅锌多金属成矿区是典型的构造-岩浆-矿化"三位一体"成矿（图 4-1），成矿岩浆岩为喜马拉雅早期产物，金矿化集中于成矿晚期热液活动阶段。

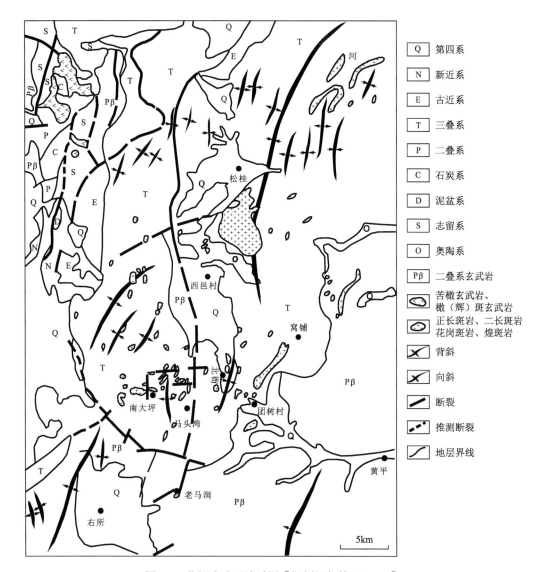

右侧图例：

Q	第四系
N	新近系
E	古近系
T	三叠系
P	二叠系
C	石炭系
D	泥盆系
S	志留系
O	奥陶系
Pβ	二叠系玄武岩
	苦橄玄武岩、橄（辉）斑玄武岩
	正长斑岩、二长斑岩花岗斑岩、煌斑岩
	背斜
	向斜
	断裂
	推测断裂
	地层界线

5km

图 4-1　北衙成矿区地质图［据刘经仁等（1966）］

古近系丽江组（E）：砾岩及黏土，厚 0～100m，不整合覆盖于北衙组灰岩及斑岩体上。下段（E_1）：杂色紫色黏土、亚黏土、含砾黏土。砾石成分为灰岩、砂岩、斑岩、褐铁矿，厚 5～80m，底部有古砂岩。上段（E_2）：灰色巨砾（灰质角砾岩），砾石成分为灰岩，钙质胶结，厚 0～20m。第四系（Q）：残坡积及河流盆地堆积，厚 0～11m

1. 地层

矿区内出露的地层主要为中三叠统北衙组灰岩、下三叠统飞仙关组页岩和上二叠统峨嵋山组玄武岩。其次尚有上三叠统松桂组砂页岩，主要见于矿区外围，以及古近系丽江组砂砾岩堆积物和第四系红土层,其中红土层主要分布在盆地的中央。含矿地层为上三叠统北衙组灰岩。

2. 构造

北衙金铅锌多金属成矿区控矿构造为南无山复式穹隆构造的次级构造——SN 向北衙-松桂复式向斜。向斜两翼局部地段受断层和燕山期—喜马拉雅期富碱岩浆侵入作用的影响,次级褶皱、断层以及节理、裂隙比较发育。矿区断层主要有三组:一组近 SN 向,另一组近 EW 向,第三组为 NE 向。后两者是隐伏断裂。近 SN 向断裂为喜马拉雅早期富碱的石英斑岩的控岩及其矽卡岩型金多金属矿成矿的控矿断裂;NE 向断裂为喜马拉雅中期富碱斑岩的控岩及其热液充填型和爆破角砾岩型金多金属矿成矿的控矿断裂;EW 向断裂为喜马拉雅晚期富碱斑岩脉的控岩控矿及其斑岩型、矽卡岩型、热液充填型、叠加热液改造型金多金属矿床以及风化-堆积型金多金属矿及红土型金矿成矿的控矿断裂。

3. 岩浆岩

北衙金铅锌多金属成矿区成矿岩浆岩为以正长斑岩、石英正长斑岩、石英二长斑岩、花岗斑岩、二长斑岩为主体的喜马拉雅期富碱斑岩岩石系列,是大理-丽江富碱岩体(脉)集中区的重要组成部分,岩体(脉)主要产出在上述两组隐伏构造的交汇部位,单个岩体(脉)的产状表现出受 NNE 向构造的控制更为显著。矿区内规模较大的岩体主要有马头湾、红泥塘、松桂、铺台山、笔架山、白沙井等。岩体一般呈脉状,主要呈 NNE 向或近 SN 向展布,少数为等轴状(红泥塘,位于两组隐伏构造的交汇部位),个别呈近 EW 向。在红泥塘正长斑岩体的中心,还见有隐爆角砾岩筒形成,同时还可见更晚一期的正长斑岩脉穿入角砾岩筒中,显示出岩浆的多次活动特征(葛良胜等,2002a)。

据前人研究,在矿区的南北外围不远,有隐伏、半隐伏的岩体或角砾岩筒存在,如焦石洞、老马涧和乱硐山等,其出露位置也是受 EW 向和 NE 向两组构造交汇部位控制的。区域上,各主要岩体(含隐伏岩体)和隐爆角砾岩筒之间具有大致近等间距的分布规律,例如,在近东西方向上,出主要的隐伏断裂自西向东依次控制着龙潭后山、马头湾、红泥塘、笔架山、禾沙井等斑岩体,在 NNE 方向上,自南向北则依次分布有老马涧、焦石洞、红泥塘、乱硐山、狮子山等斑岩体。与其他富碱岩体集中区相比,本区岩脉不发育,仅有少量见于笔架山和桅杆坡一带,呈顺层或切层状产出的不规则岩脉,与少数矿脉有一定关系。值得注意的是,区内富碱岩体(脉)主要见于近 EW 向隐伏构造活动的范围内,在此范围之外,虽然也发育有 NE 向的断裂,但却没有相关的岩体出露,表明近 EW 向隐伏构造对富碱岩浆活动具有本质上的控制作用。

4. 热液蚀变特征

矿区内广泛发育不同类型的围岩蚀变。其蚀变类型、蚀变程度和蚀变矿物组合等特征视具体条件不同而有差异,形成了本区较为复杂的热液蚀变体系(葛良胜等,2002a)。

1)富碱岩体蚀变

岩体蚀变主要表现为钾长石化,蚀变矿物主要为正长石和绢云母。后期尚见一定规模的泥化、碳酸盐化和绿泥石化等现象。泥化、碳酸盐化和绿泥石化一般相伴产出，在岩体的边缘和顶部最为强烈。富碱岩体的蚀变产物中一般较少见有含金硫化物矿化，少量早期在斑岩体内部浸染状分布的黄铁矿多已褐铁矿化，局部保留有黄铁矿的晶形。但乱硐山岩体是一个例外。该岩体中除广见钾化外，还有强烈的石英绢云母化、绿泥石化，以及较强的金属硫化物矿化和更强的碳酸盐化，后期的泥化作用也非常强烈，已很难发现残留的原岩斑晶。

2）围岩蚀变

矿区内矿体的围岩除岩体外基本上均为北衙组灰岩。其中岩体的蚀变特征与前述相似。但灰岩中的蚀变则有较大差异。受蚀变的灰岩普遍表现为铁含量增高，形成铁化灰岩。这些蚀变产物一般均已氧化成褐铁矿，形成了褐铁矿团块或细脉。这两种铁化灰岩中金的质量分数均显著增高，在红泥塘和乱硐山周围极为常见。

3）接触带蚀变

蚀变产于岩体与灰岩的接触带，以发育较强和典型的矽卡岩化为特征，多见于岩体的内凹部位，以乱硐山最为典型；在相对平直上的接触带上，多表现为大理岩化。矽卡岩化带内的蚀变矿物主要为磁铁矿、赤铁矿、绿泥石、钙铁榴石、透辉石、阳起石，少有符山石，自矽卡岩化带向外，便过渡到围岩蚀变（铁化），向岩体内部则过渡到岩体蚀变（钾化）。这种变化正体现了宏观上从岩体经接触带到围岩的典型热液蚀变分带特征。

5. 矿体赋存部位及其产出特征

北衙金多金属矿床不同矿段中矿体的赋存部位及其产出特征视各矿化区具体条件的制约，大致可作如下的划分。

（1）产于碱性斑岩体内裂隙和节理中的金-铜矿化。

（2）产于岩体内外接触带或接触破碎带中的矿体。

（3）产于岩体围岩中受构造破碎带或层面构造控制的切层、顺层矿体。

（4）产于古风化壳或现代剥蚀面上的红土型金矿化体。

（5）产于爆破角砾岩筒中受角砾岩控制的角砾状矿化体。

6. 矿石类型

1）硫化物矿石

硫化物矿石主要见于上面所划分的（1）、（2）、（5）类型矿化体的深部，地表及浅部基本不见，数量极少。

2）氧化物矿石

氧化物矿石呈致密块状、土状、蜂窝状、胶状、炉渣状等构造。主要金属矿物为褐铁矿，大致可分为两种。一种为致密块状，极坚硬，局部似炉渣，以褐铁矿脉的形式呈层状或似层状产出，层位稳定；另一种为褐土状，易碎、染手，呈层（脉）状或不规则形状，特别是在岩体的内外接触带部位，褐铁矿呈褐土状不规则团块在矿体内不均匀分布。

3）混合型矿石

混合型矿石，前人亦称半氧化型矿石，也是本区主要的矿石类型之一，但以西区更常见。根据矿石的矿物组合还可作进一步划分：①磁铁矿-赤铁矿-黄铁矿型；②赤铁矿-褐铁矿-黄铁矿型；③褐铁矿-黄铁矿-蓝铜矿-孔雀石型等。矿石一般为黑褐色、黄褐色或褐红色，有致密块状、网脉状、角砾状、土状、胶体状、炉渣状、蜂窝状、泥状等构造形态。矿物组合中以赤铁矿、褐铁矿、黄铁矿为主。

4）红土型矿石

含金的红（褐）土多见于正长斑岩与碳酸盐岩的接触带附近。红土矿石主要指位于剖面土壤带下部的含铁（锰）氧化物红（褐）土带（主要由含金矽卡岩风化而成），其下为浅色黏土带（主要由正长斑岩的长石类矿物风化而成）和基岩带（正长斑岩或碳酸盐岩）。

4.2　北衙成矿区环-环横叠式线环结构

北衙金铅锌多金属成矿区控矿构造为 SN 轴向的南无山复式穹隆构造的次级构造——SN 向北衙-松桂复式向斜。南无山复式穹隆构造在遥感影像上显示为一 SN 轴向的松桂-北衙-南大坪椭圆形环形构造，而北衙成矿区却显示为一 EW 轴向的透镜体（图 4-2），其边界清晰，以弧形沟谷为其环缘，环体内外水系类型和走向截然不同（杨世瑜和王瑞雪，2003）。环体内部主水系以东西向为主，与次级的 SN 向、NW 向形成格状-菱格状水系，沟谷下切较浅；在环体外侧东部主水系流向为 NW 向，西部主水系流向为 NE 向，围绕透镜体呈对称状。

图 4-2　北衙-松桂地区 ETM453 遥感影像

图 4-3　北衙 EW 轴向透镜体（ETM453 遥感影像）

已知矿化均在 EW 轴向透镜体内部，其中炉坪矿段、红泥塘矿段、桅杆坡矿段、笔架山矿段和锅盖山矿段位于透镜体的东端，马头湾-南大坪矿段位于透镜体的西南部。

4.3　色调异常信息提取

含矿热液蚀变带是成矿作用发生的重要标志之一，由于蚀变围岩与正常围岩的矿物成分、化学成分、岩石组构和颜色上有所不同，所以在多波段遥感影像上表现出不同的颜色、色调和纹理差异。北衙地区围岩蚀变、岩体蚀变和接触带蚀变都比较强烈，矿化的优劣与蚀变的强度成正比，因此利用遥感技术在对矿床进行宏观定位的基础上，再进一步提取蚀变信息，为该区今后的找矿工作能提供较好的新线索。

4.3.1　蚀变矿物光谱特征及图像处理方法

根据以上对北衙成矿区岩石蚀变、围岩蚀变、接触带蚀变以及矿产类型的分析，可以发现铁化广泛分布于岩体、围岩、接触带及破碎带中，在氧化条件下铁的硫化物或碳酸盐矿物已普遍氧化为褐铁矿，其与本区多金属矿化、磁铁矿化、黄铁矿化关系最密切，即褐铁矿化是北衙成矿区的近矿蚀变和最直接的找矿标志。虽然该区的泥化现象也比较突出，但是由于其围岩为岩体本身或三叠系北衙组灰岩，且 ETM/TM 波段较宽，无法将碳酸根引起的强吸收谷和羟基引起的强吸收谷区分开，因此在该区的图像增强处理目的应为突出褐铁矿化信息。

不同矿物在不同的波段有不同的反射特征，吸收谷的具体光谱位置和强度各不相同，对矿物种类有鉴定意义。褐铁矿并非单一矿物，是针铁矿、水针铁矿等矿物的混合体，并常常杂有黄钾铁矾、赤铁矿等矿物。在 USGS 标准矿物光谱曲线上（图 4-4），褐铁矿、赤铁矿、针铁矿和黄钾铁矾等矿物由于紫外部分的强烈吸收，光谱曲线在 TM1、TM2、TM3 波段上升梯度较大；在 TM3 波段有一反射峰，显示出黄红颜色；在 TM4 波段范围内（$0.8 \sim 0.9 \mu m$）有一近红外吸收带，在 TM5 波段反射率最高，其次是 TM7 波段。黄钾铁矾在 $2.2 \mu m$ 左右（TM7 波段）还存在一个羟基矿物的强吸收谷。

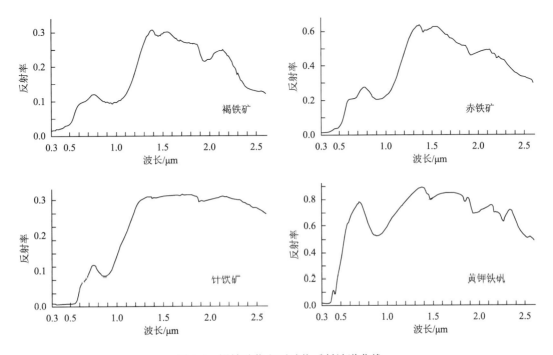

图 4-4　褐铁矿化主要矿物反射波谱曲线

根据褐铁矿化标准波谱曲线在 TM1 波段为陡吸收带，反射率极低，在 TM4 波段也为吸收带，而在 TM5 波段为高反射峰的特点，首先选取用波段比值法进行图像增强处理，突出褐铁矿化信息。TM5/1 所得到的高值和 TM5/4 所得到的高值应是褐铁矿化信息的反映。再将这两个新得到的比值图像与 TM5 波段进行 RGB 彩色组合，生成 TM5-5/4-5/1 图像。

因褐铁矿等矿物在 TM3 波段有一个反射峰，虽然反射率比 TM5 波段和 TM7 波段低，但是因植被在 TM3 波段普遍为强烈吸收，所以利用 TM3 波段与比值图像进行彩色组合，生成 TM5/4-5-3 图像也可以突出褐铁矿化信息，压抑植被的信息，减弱一些区域因为有植被覆盖的干扰。

TM753 也是比较不错的彩色组合方案，因其色彩相对暗淡，对比度不强，对该图像进行 HIS 变换，拉伸色彩饱和度后再进行 HIS 反变换，生成增强的 TM753 图像。

　　以上几种增强处理的图像相比较，以 TM5-5/4-5/1 图像对蚀变信息的显示最佳。以下分析以 TM5-5/4-5/1 图像为例。

4.3.2　应用效果分析

　　在 TM5-5/4-5/1 图像上主要显示深色调的酱紫色背景和鲜艳的黄绿色图斑两类信息，在有的地区黄绿色斑块周围有白色和品红色色斑。高亮的黄绿色色调异常图斑即为褐铁矿化蚀变信息。色调异常区的分布与北衙 EW 轴向透镜体关系密切，均出现在透镜体内的特殊构造部位——透镜体的东端和西端与多方位断裂带交汇的位置。经过实地检验及与地质资料对比，一部分黄绿色斑块正与北衙成矿区已知矿化相吻合。根据色调异常区的分布与透镜体的关系，主要分为以下几个区域。

　　1. 北衙–炉坪地区

　　不论是早已开采的红泥塘、万硐山、桅杆坡、笔架山等矿段，还是新发现的炉坪矿段，在 TM5-5/4-5/1 图像上均具有较强的色调异常信息，它们断续相连，形成一个围绕北衙村的 SN 向轴向的椭圆形形态（图 4-5）。它们围绕在北衙向斜轴部的 SN 向条带状北衙小盆地呈东西对称分布，并且南部锅盖山、笔架山、红泥塘色调异常受 EW 向构造控制明显，异常区整体呈 EW 向条带状，并且等间距平行分布。桅杆坡的色调异常呈 SN 向条带状。万硐山矿段的色调异常呈 NE 向条带，向北与炉坪色调异常相连接，向东与桅杆坡色调异常相连接，向南断续延伸至北衙金矿矿区附近。

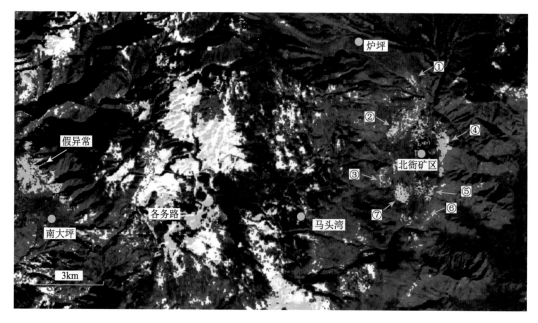

图 4-5　北衙成矿区东西轴向透镜体及褐铁矿化蚀变色调异常图

①炉坪矿段；②万硐山矿段；③红泥塘矿段；④桅杆坡矿段；⑤笔架山矿段；⑥锅盖山矿段；⑦新异常区；
南大坪北部的假异常由玄武岩风化壳形成

在红泥塘色调异常区和笔架山色调异常区之间分布一个与红泥塘色斑面积相近但色调更浓集的异常区，总的形态为似圆形，目前还没有在此发现矿体。地貌上，这一异常区位于北衙盆地的最南段，比北部地段其他区域高 4～5m，已改造为农田。但与盆地内其他地区农田相比，其在多个时段的遥感影像上植被覆盖均较差，常为深色调，真彩色图像上显示为与笔架山相似的深黄褐色。

2. 马头湾地区

在马头湾村西侧发育一个模糊的直径约 2km 的环形构造，中部有一条 EW 向线性构造与之交切。黄绿色色调异常斑块主要围绕其北部环体和 EW 向线性构造带分布，色调异常斑块规模较小而凌乱。在环体的西部有一条宽 1km 左右，长 5km 多的白色-黄绿色色调异常带，受 NNW 向断裂带控制，与地质资料上马头湾西南侧的蚀变砂岩分布相吻合。在该色调异常带的最南端有较大面积的黄色斑块，与矽卡岩化的分布地段相耦合。

3. 南大坪-各务路地区

和马头湾地区相似，南大坪-各务路地区也存在黄绿色和白色两种色调异常，其中黄绿色斑块与矽卡岩化对应较好。但这一地段并不出露蚀变砂岩，故白色色调异常斑块是何原因引起的还有待进一步检查。

4. 各务路北部地区

在北衙—各务路一带发育一条 EW 向线性构造带，在其北侧为一个次级的 EW 轴向透镜体。透镜体被 SN 向的断裂带分为东西两部分，异常区的中西部发育两个较大的矩形色调异常区，以白色色调异常为主，夹杂黄绿色斑块。地质上该区出露多个小型的碱性斑岩体，但蚀变现象不明显。地貌上，该区为东部北衙盆地和西部洱源盆地之间的分水岭上的缓坡平台，植被稀疏，基岩裸露。在高分辨率图像上色调异常区内部和边缘可发现多个小型的环形构造（图 4-6）。

4.3.3　由玄武岩风化壳引起的假信息异常

研究区内及其外围广泛发育二叠系峨嵋山玄武岩，玄武岩的风化壳也富含褐铁矿，在野外颜色也与铁帽相似，常常形成假铁帽。在 TM5-5/4-5/1 图像上一些地表出露玄武岩的区域也显示出色调异常信息，如研究区东南角的黄坪沿河谷一带、茈碧湖盆地东西两侧的山坡上（图 4-5、图 4-7），均出现了类似于北衙矿床的色调异常信息。所以色调异常信息提取后必须进行筛选，剔除这些假信息异常。

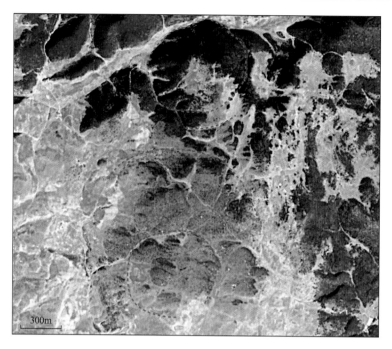

图 4-6　各务路北部地区小型环形构造群

(a) TM741　　　　　　　　　　　　　　(b) TM5-5/4-5/1

图 4-7　黄坪地区玄武岩风化壳引起的假异常信息

4.4　斑岩体及蚀变信息图形特征识别方法

北衙地区的斑岩体众多，但岩体出露地面的规模较小，加之岩石蚀变强烈，植被或土壤覆盖较厚，与围岩光谱特征相近，在遥感影像上没有清晰的几何形态和与背景不同的色彩色调，较难直接识别。通过对该区微地貌、水系、环形构造的分析，发现利用这两种间接解译标志可以较好地识别出斑岩体。下面以南大坪各务路斑岩体为例说明。

各务路斑岩体为南大坪矿段出露面积较大的二长斑岩体，西起各务路，向东延伸超过1.5km，SN 向延伸最宽处达 1km，近似一矩形（图 4-8）。地貌上为小龙潭后山上一海拔3000m 左右的缓坡平台。其西侧为呈南北轴向透镜状的干海子洼地，二者高差超过 100m；其东侧为一条南北向的隐伏断裂带，沿地表控制了数个长条状的第四系小盆地。

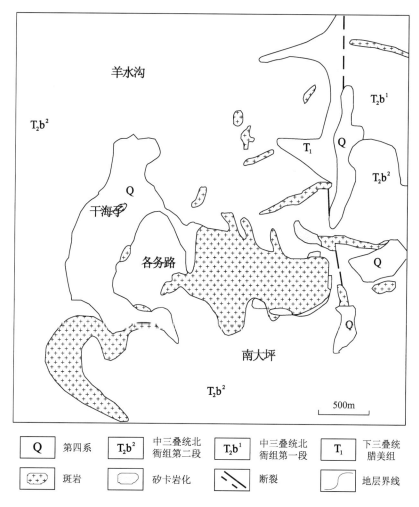

图 4-8　各务路地区地质图［据西南有色地勘局 310 队（1994）修编］

在高分辨率的遥感影像上，各务路斑岩体出露地区可观察到一个较为模糊的环形构造。这一环形构造首先引人注意的是其核部的"涡轮状"影纹图案（图 4-9）。数条弧形沟谷呈向心状汇集在一起，形成沿顺时针方向"旋卷的涡轮状"。"涡轮"内植被覆盖较好（为较高大的植物），真彩色图像上显示为一绿色的环斑，而其外层则基岩裸露或者为土壤覆盖，显示为灰黄色。在"涡轮"的北侧可见数条弧形沟谷呈同心圆状排列；在其南侧有一条清晰的弧形浅色调细纹，组成"涡轮"的弧形沟谷都是由该弧形细纹处开端的。地貌上，改弧形细纹为一微型弧形的山体的弧形山麓线。在山麓外侧又是一弧形的深色调棕灰色的条带。这一条带宽 100 多米，局部宽 200m 以上，整体上为负地形。特别是突然变宽的部分，形成了一个平面上为梯形的槽状地形。经过实地检验及地质资料对比，深色调条带与南大坪各务路岩体南部发育的矽卡岩相吻合。在 TM5-5/4-5/1 图像上弧带显示为较大面积的黄绿色的图斑（图 4-10），说明其褐铁矿化信息强烈。

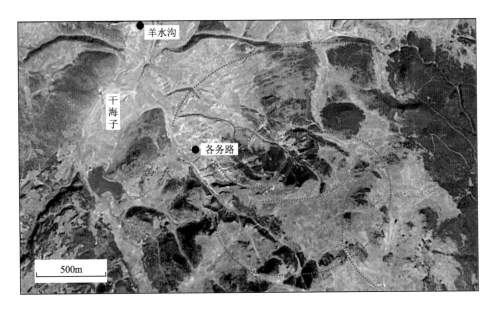

图 4-9　各务路环形构造

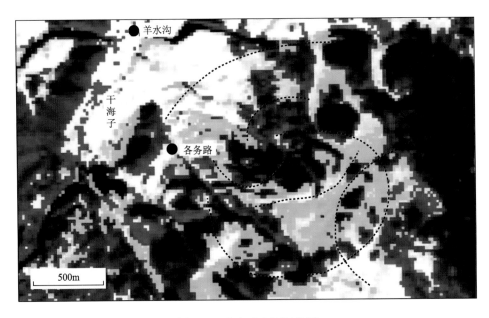

图 4-10　各务路色调异常图

4.5　北衙成矿区遥感地质工作方法探讨

根据地震勘探资料,北衙四周山脉和北衙坝子深部分布有大范围的斑岩体(晏建国等,2003),因此本区深部有可能发现具工业价值的铜(金)矿床。在高分辨率遥感影像上发现控制成矿区的 EW 轴向透镜体内有众多的直径在数十米至数百米的环形构造,推测其多是由大小不一的斑岩体引起。而 EW 轴向的北衙透镜体可能是深部岩浆房在遥感影像的显示。在北衙成矿区及外围进一步找矿应遵循以下程序和方法。

(1)对全区进行岩性遥感填图,特别是识别出碳酸盐岩和玄武岩的分布范围。前者是最易赋矿的围岩,而后者因为其风化壳含褐铁矿较多,且在该区广泛分布,在经图像增强处理后的图像上容易产生假信息异常。

(2)利用多种空间分辨率的遥感影像分析成矿区各种尺度的构造形迹,目前对其宏观的遥感地质背景、控矿的影像线环结构研究较多,但对能够反映规模较小的斑岩体、隐爆角砾岩等信息的小型环形构造研究较少。在目前商业遥感卫星空间分辨率已经达到0.3m 的情况下,已经有条件来开展此项工作。在图像上应多关注内部具有放射状线性构造或者同心环状影纹的环形构造,因其可能为斑岩体底辟作用或者隐爆角砾岩所形成。

(3)在以上对斑岩体空间定位的基础上进行图像增强处理,突出褐铁矿化信息,并参考填图结果,剔除由玄武岩引起的假异常。结合地质、物探、化探等信息,最终确定矿化部位。

第5章 兰坪通甸地区铅锌矿床遥感影像特征

兰坪通甸铅锌矿区属兰坪自治县通甸镇管辖，目前已发现飘雪岩、青甸湾和菜籽地三个中小型矿床。通甸铅锌矿区位于断裂维西-乔后断裂的东侧（图5-1），其遥感影像特征清晰，具有典型的多层复式环形构造。矿床的成因目前具有较多的争议，遥感影像特征可为其成因的研究提供一些信息。

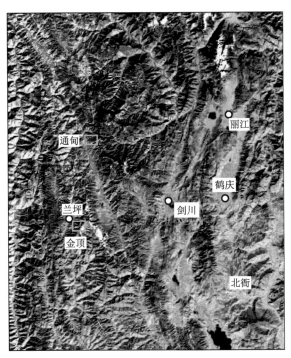

图 5-1　兰坪-丽江-鹤庆地区 ETM463 遥感影像

图中绿框为成矿区

新生代早期以来，青藏高原向东挤出导致了川滇菱形块体的形成（李玶和汪良谋，1975；阚荣举等，1977；邓起东等，2002；徐锡伟等，2003；张家声等，2003；吕江宁等，2003；常祖峰等，2016）。维西-乔后断裂位于川滇菱形块体西部边缘（图5-2）。它南与红河断裂相连，北与金沙江断裂相接，是兰坪-思茅褶皱带与昌都-云岭褶皱带两个大地构造单元分界断裂，该断裂具有长期的发育历史，形成于加里东运动期，在海西-印支期有过强烈活动，沿断裂火山活动和岩浆作用强烈，喜马拉雅期也有过强烈活动。

在该区的遥感影像上最醒目的构造为NNW向的维西-乔后断裂带和NNE向的白汉场断裂带，二者相交于乔后，将维西-乔后-石鼓地区切割成一个楔状构造单元。该楔状单元与两侧区域特别是与西侧的兰坪盆地在色调、影纹、地质、地貌等方面都有较大的区别

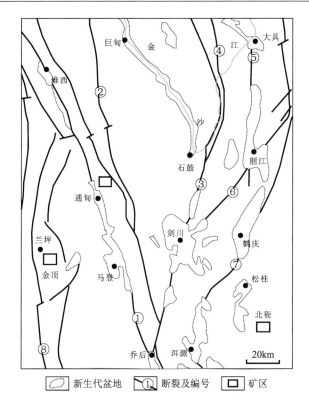

图 5-2 兰坪-丽江-鹤庆地区构造图［据常祖峰等（2016）修改］
①维西-乔后-巍山断裂；②金沙江断裂；③④白汉场断裂；⑤玉龙山东麓断裂；⑥丽江断裂；
⑦鹤庆断裂；⑧兰坪-云龙断裂

（图 5-1）。在这个楔状单元内叠加发育线性构造和环形构造，这些环形构造与喜马拉雅期的酸性侵入岩关系密切，通甸铅锌矿区即位于其中的一个环形构造内。

5.1 通甸铅锌矿区地质概况

5.1.1 地层

通甸铅锌矿区出露地层较为简单，从老至新为：

（1）上三叠统攀天阁组（T_3p），流纹斑岩、凝灰熔岩、流纹质熔结凝灰岩，岩石化学以富铁、高钾、低铝为特征，厚度大于 147m。

（2）上三叠统石钟山组（T_3s），岩性组合为一套海相碳酸盐岩沉积，又分为三段：一段（T_3s^1），流纹质凝灰含砾砂岩、砂岩，厚 0.4~9m；二段（T_3s^2），白云质灰岩及角砾状含白云质灰岩，厚 260m；三段（T_3s^3），薄至中层状灰岩、泥质灰岩夹页岩，厚 262m。岩石铅、锌、银含量都高，是主要的赋矿层。

（3）上新统砂岩（N_2），褐黄色砾岩夹灰绿色流纹质含砾细砂岩，厚 437m。

5.1.2　构造

该区处于一个单斜构造上，地层走向 NW 向。矿区为平缓而略带波状起伏的向斜构造，是区域单斜构造上的小褶曲。向斜轴向 NW，核部地层为石钟山组三段（T_3s^3），南西翼倾角 20°～35°，北东翼地层倾角为 30°～45°。

5.1.3　岩浆岩

区内岩浆活动强烈，见有大范围的上三叠统攀天阁组（T_3p）流纹岩和喜马拉雅期的酸性侵入岩，有喇叭山正长斑岩（岩株）、麻栗坪次粗面岩（岩株）、山神庙石英二长闪长玢岩（岩株）、腊邦山花岗斑岩（岩株）和弯路自次粗面岩北段以及一个花岗斑岩脉体。

5.1.4　矿化特征

沿矿区向斜轴部 NW 向分布有青甸湾、菜籽地和飘雪岩三个矿床。矿化产于含白云质灰岩与页岩接触的层间破碎带及石钟山组（T_3s）和攀天阁组（T_3p）流纹斑岩接触线附近。矿体富集与灰岩中的构造裂隙有关，矿体形态均呈透镜状、似层状，受地层控制，顺层产出。矿体围岩主要为石钟山组二段（T_3s^2）底部灰、黄灰色白云质灰岩、白云质角砾灰岩，围岩蚀变较强，主要有重晶石化、硅化、方解石化和褐铁矿化。围岩蚀变强弱与矿石品位贫富有直接关系，围岩蚀变强则矿石品位富。主要矿石矿物有铅矾、异极矿、方铅矿和闪锌矿。

5.2　区域遥感地质背景

通甸铅锌矿区位于维西-乔后-石鼓楔状构造单元的南部通甸-白汉场地区（图 5-3、图 5-4）。由于该区域地质构造活动强烈而频繁，在遥感影像上显示出纷繁复杂的线性构造带和环形构造群。经过对区域遥感影像线环结构厘定与分析，通甸-白汉场地区线环结构特征如下。

5.2.1　线性构造

1. NNE 向线性构造带

位于工作区西部石鼓—白汉场一带。该构造系以 NNE 向的白汉场断裂带为主，在其西部平行发育数条次级线性构造带，带宽约 10km。NNE 向构造系仅在工作区的东部边缘发育，带内的次级线性构造以刻痕较浅的直线状沟谷显示其线性特征。除白汉场断裂带外，区域内也没有其他同等规模的线性构造带与之伴生。在该带内三叠系—泥盆系地层的走向为 NNE 向，箐门口一带出露的不明时代花岗伟晶岩脉群呈 NNE 向发育和展布，华力西期的西落基性岩体（岩床）和辉绿岩脉群也具有此特点。

图 5-3　通甸-白汉场遥感影像线-环构造纲要图

1. 线性构造；2. 环形构造；3 金、铅锌、铁、铜矿床（点）；4. 工作区；5. 火山口；6. 居民点

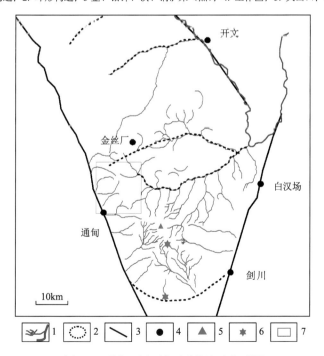

图 5-4　通甸-白汉场环形构造及水系图

1. 水系；2. 环形构造；3. 线性构造；4. 居民点；5. 老君山；6. 火山口；7. 通甸铅锌矿区

2. NNW 向线性构造带

以 NNW 的维西-乔后断裂带和与之平行发育的金沙江线性构造带为主,带宽 40～50km。带内有多条与之平行发育的次级线性构造,以 5km 的距离等间距分布。NNW 向线性构造带在遥感影像上线性特征非常清晰,单个构造延伸长,表现为直线状沟谷、河流同步弯曲或色调影纹的直线状分界线等。NNW 向构造系不仅控制了上三叠统火山岩的分布,还控制了部分喜马拉雅期富碱斑岩的形态和展布,如喇叭山—麻栗坪一带的侵入岩体形态和展布总体呈 NNW 向。以上特征显示 NNW 向构造系规模较大,延续时代长,为工作区的区域主体构造。

3. NE 向线性构造带

该方位的线性构造虽然单个构造延伸不长,没有大规模的断裂带出露地表,但线性特征清晰,主要显示为刻痕较深的直线状沟谷,以 5km 左右的间隔等间距平行发育,与 NNW 向线性构造共轭产出,使全区显示出菱格状结构。

4. EW 向线性构造带

与前二者相比,EW 向线性构造带在影像上比较模糊。但是 EW 向线性构造带不受地层岩性以及其他方位构造的影响,以 5km 的间距平行等距发育于全区,并且影像特征隐晦模糊,这与云南境内普遍发育的 EW 向基底线性构造带特征一致。工作区位于金丝厂 EW 向线性构造带和老君山 EW 向线性构造带之间,区内有三条次级 EW 向线性构造带贯穿。

5. SN 向线性构造带

SN 向线性构造带的线性特征模糊,显示为断续的直线状细纹,发育强度不及 EW 向线性构造。通甸-白汉场楔形地块中部的斑岩群岩体形态及展布方位以 SN 向为主,火山口也呈 SN 向线状延伸,但它们之间关系尚不明确。

5.2.2　环形构造

在通甸-白汉场楔形地块之上叠加发育数个直径约为 45km 的等轴状环形构造,与工作区有关的主要是南部的老君山环形构造和北部的金丝厂-开文环形构造。

金丝厂-开文环形构造以环形水系作为环体边缘,清晰易识。而老君山环环体边界模糊,以放射状水系显示其环形构造的特点(图 5-4),且东西两侧分别被白汉场断裂带和维西-乔后断裂带交切或限制,环体不完整。

老君山环和金丝厂-开文环环体内部次级环形构造发育,分别控制了南北两个斑岩群的分布范围。老君山环体中心为老君山火山口,其南部边缘也已发现一火山口,二者呈 SN 向线状延伸。在老君山环体内目前出露的斑岩体产于环体的北部和东部,但已知矿床(点)却多产于环体的南部和西部。两大环体在冲江河一带相互交叠,通甸铅锌矿区位于老君山环形构造西北处的次级环形构造——罗古箐环形构造之内。

5.3　通甸矿区遥感影像特征

5.3.1　地层岩性解译

由于工作区处于板块接壤地带,地层划分较为复杂,加之岩浆侵入活动频繁,火山喷发比较强烈,褶皱断裂构造发育,除新生代地层未变质外,其他地层变质较厉害(薛代福等,1984),大部分岩性影像特征不明显,新生代碎屑岩地层与岩浆岩体影像特征相似,又兼工作区植被覆盖较好,干扰因素很多,所以全区的地层岩性较难区别。通过利用多种遥感影像增强处理方法,解译时综合利用各种图像,初步建立了工作区地层岩性的解译标志(表 5-1)。表中的色彩描述以 TM457 与 Pan 波段的 HIS 融合图像——ETM457 为主。根据解译地层的解译标志并综合前人资料,制作通甸地区地质图(图略)。

表 5-1　地层解译标志一览表

地层名称	岩性	解译标志(色调、水系、地貌、植被、影纹)	图例
T₃p	流纹岩	色调明亮,在 ETM457 图像上为浅橘黄色。河流形成环状水系,两侧支流形成密集的羽状-平行树枝状水系。在罗古箐-下甸一带的该地层内,水系发育较北部地区密集,并且局部次级沟谷形成格状水系或者倒钩状水系,显示该地段攀天阁组地层受断裂构造影响比南部地区强烈。	
T₃s	砂岩 底砾岩 泥岩 灰岩	未遭受蚀变影响的地层(右上图),植被覆盖较好,色调中等,在 ETM457 图像上显示为橘红色,水系稀疏,主沟常为弧形且刻痕较深。遭受蚀变影响的地层(右下图),植被覆盖差,色调变明亮或加深,在 ETM457 图像上显示为白色、浅青色和棕色等,色彩斑驳;内部影纹光滑,发育中等密度格状-树枝状水系。	
E₂m	砂岩 砾岩	未遭受蚀变影响的地层(右图东),植被覆盖较好,色调中等,在 ETM457 图像上显示为橘黄色-棕色,内部影纹粗糙,发育羽状-树枝状水系,水系密度中等,主沟笔直且刻痕较深。遭受蚀变影响的地层(右图西),植被覆盖差,色调明亮,在 ETM457 图像上显示为白色、浅青色等,色彩斑驳;内部影纹光滑,水系密度降低,发育格状水系。	
E₂b	砂岩 砾岩 粉砂岩	未遭受蚀变影响的地层(右上图),植被覆盖较好,色调中等,在 ETM457 图像上显示为橘黄色-棕色,内部影纹粗糙,发育中等密度树枝状水系,主沟笔直且刻痕较深。局部地区影像上可观察到沿地层走向延伸的 SN 向细纹。遭受蚀变影像的地层(右上图中),植被覆盖差,色调明亮,在 ETM457 图像上显示为白色、浅青色等,色彩斑驳;面积较大的色调异常斑块内部影纹光滑,水系稀疏,地貌上常为一侧山坡;而一些面积较小的斑块地貌上为一系列突兀的山峰(右下图),其延伸受到 NW 向和 EW 向线性构造带的控制。	

续表

地层名称	岩性	解译标志（色调、水系、地貌、植被、影纹）	图例
E₂j	砾岩 砂岩 粉砂岩	色调中等，在 ETM457 图像上为橘黄色；植被覆盖较好，受 NE 向和 NW 向线性构造影响，形成密集的羽状-格状水系。主沟两侧的支沟刻痕很浅。	

5.3.2 线性构造和环形构造解译

1. 线性构造

区内发育 NW 向、NE 向、SN 向和 EW 向的线性构造（图 5-5）。NW 向线性构造规模大，线性特征清晰，其次为 NE 向线性构造带。EW 向线性构造隐晦模糊，常被其他方位的构造切断，SN 向线性构造只在局部地段出现。

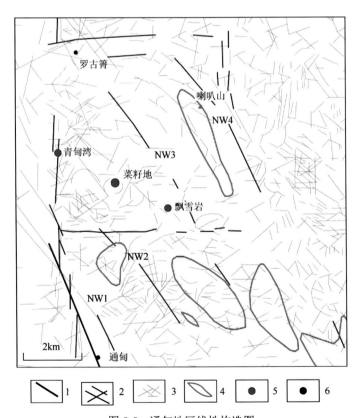

图 5-5　通甸地区线性构造图

1. 一级线性构造；2. 二级线性构造；3. 三级线性构造；4. 侵入岩体；5. 矿床（点）；6. 居民点

1）NW 向线性构造带

NW 向维西-乔后断裂带（NW1）经过工作区的西南角，在其东侧发育三条与之平行的线性构造带（NW2～NW4），以 3km 的间距等距离发育。NW 向线性构造带在遥感影像上线性特征非常清晰，单个构造延伸长，表现为直线状沟谷、河流同步弯曲或色调影纹的直线状分界线等。NW 向构造系不仅控制了上三叠统火山岩的分布，还控制了喇叭山—弯路子一带喜马拉雅期富碱斑岩的形态和展布，以上特征显示 NW 向构造系规模较大，延续时代长，为工作区的区域主体构造。

2）EW 向线性构造带

EW 向构造系在影像上比较模糊。但是 EW 向线性构造带不受地层岩性以及其他方位构造的影响，贯穿全区，是区域性的 EW 向基底线性构造带的一部分。可将其划分为北部罗古箐-金丝厂带、中部的飘雪岩带和南部的老君山三个带。其中以老君山带内 EW 向线性构造最为发育，飘雪岩带相对较弱。

3）SN 向线性构造带

SN 向线性构造主要在两个区域发育：①发育于 NW 向 NW4 线性构造带的北东侧，即喇叭山断裂带北东侧的 E_2m 和 E_2b 地层内，由一系列 SN 向的宽缓沟谷、深浅相间的细纹或线状展布的浅色调陡峰等显示其线性特征；②在工作区的西南角，伴随 NW 向维西-乔后断裂带（NW1）发育数条 SN 向线性构造带，成为通甸盆地与山地的分界线。

4）NE 向线性构造带

该方位的线性构造虽然单个构造延伸不长，没有大规模的断裂带出露地表，但线性特征清晰，主要显示为刻痕较深的直线状沟谷，以 1km 左右的间隔等间距平行发育，与 NW 向线性构造相互交切，使全区显示出菱格状结构。

2. 环形构造

在区域遥感影像上，在 NW 向维西-乔后断裂带和喇叭山断裂带之间形成一个宽约 10km 的影像带，带内密集发育数个环形构造，形成环形构造带。在工作区内自北向南依次为罗古箐环形构造、飘雪岩环形构造和通甸环形构造（图 5-6）。

1）罗古箐环形构造（R1）

该环体为一复式偏心环形构造，影像特征清晰，边界由两条刻痕较深的弧形沟谷组成。环体内弧形构造发育，形成层次分明的偏心复式环体。在工作区外侧该环体被 NW 向的维西-乔后断裂带交切。在区内东西宽 6km 左右，南北长 3～7km。环体内并无侵入岩体出露地表，但次级环形构造发育，伴有大面积的色调异常区域，已知的矿床位于该环形构造内。

2）飘雪岩环形构造（R2）

该环体位于工作区中部喇叭山以南，边界模糊，主要以影纹图案显示其环体范围。该环体直径约 8km，为一复式同心环形构造。在环体北部出露喇叭山正长斑岩体（约 2/3 部分在环内），南部出露山神庙石英二长闪长玢岩体和腊邦山花岗斑岩体（大于 1/2 部分在环内）。环体中部与贯穿全区的色调异常带相交叠。

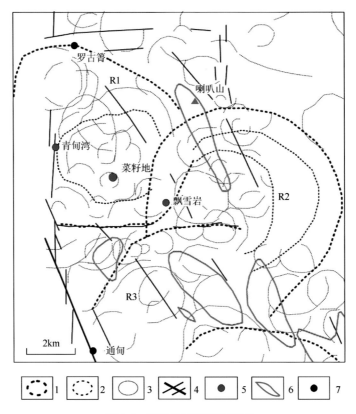

图 5-6　通甸地区环形构造图

1. 一级环；2. 二级环；3. 三级环；4. 线性构造；5. 矿床（点）；6. 侵入岩体；7. 居民点

3）通甸环形构造（R3）

该环体仅局部位于工作区的南部。其北部以一刻痕较深的弧形沟谷为边界，特征清晰，东部和南部与其他环形构造交叠，边界模糊，西部被 NW 向的维西-乔后断裂带切交。工作区内东西长约 7km，南北宽约 6km。与飘雪岩环体交叠的部位出露山神庙石英二长闪长玢岩体和腊邦山花岗斑岩体。

5.3.3　罗古箐环形构造

该环体为一复式偏心环形构造，影像特征清晰，与区域上总体为 NW-NNW 向的条带状构造格局呈不和谐的景观特征。罗古箐环形构造边界由两条刻痕较深的弧形沟谷组成，环体内次级的弧形沟谷也非常发育，形成层次分明的偏心复式环体（图 5-7）。环体北至罗古箐，南到飘雪岩，东邻喇叭山，西侧被 NW 向的维西-乔后断裂带切交。呈现一个心形环形构造，东西略窄，宽 6km 左右，北西长约 7km。环体内地层出露有第四系、新近系、古近系始新统美乐组、上三叠统石钟山组和攀天阁组地层走向近 SN 向，倾向东（图 5-8）。环体外侧出露有多个喜马拉雅期斑岩体或粗面岩岩体，环体内并无侵入岩体出露地表，但次级环形构造发育，伴有大面积的色调异常区域（图 5-7、图 5-9）这些色调异常区域从环体内一直延续至环体外的喜马拉雅期侵入岩范围,异常规模大,强度高,浓集中心集中。已知的青甸湾、菜籽地和飘雪岩铅锌矿床均位于该环体内的色调异常斑块内。

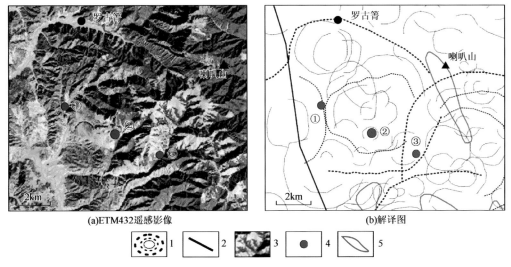

(a)ETM432遥感影像　　　　　　　　　　　　　　　　(b)解译图

图 5-7　通甸地区罗古箐环形构造

1. 环形构造；2. 维西-乔后断裂；3. 色调异常；4. 矿点；5. 侵入岩体；
①青甸湾；②菜籽地；③飘雪岩

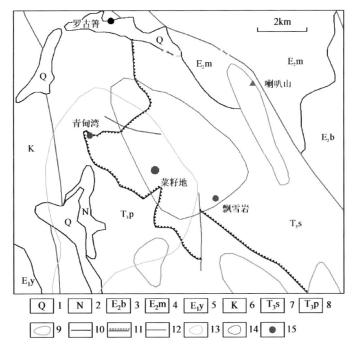

图 5-8　通甸罗古箐地质图［据吴树华（1974）整理］

1. 第四系；2. 新近系；3. 古近系始新统宝相寺组；4. 古近系始新统美乐组；5. 古近系古新统云龙组；6. 白垩系；
7. 上三叠统石钟山组；8. 上三叠统攀天阁组；9. 喜马拉雅期斑岩、粗面岩；10. 地层界线；11.不整合界线；12. 断裂；
13. Pb-Zn 化探异常；14. Pb-Zn 重砂异常；15. 铅锌矿床（点）

5.4　遥感微弱矿化信息提取

通甸铅锌矿区内在侵入岩体及其围岩广泛存在蚀变现象,相应地在遥感影像上可观察到大面积由于蚀变引起的色调异常信息,并伴有微地貌、植被等特征变化。根据比值处理、HIS 变换和彩色组合等图像处理方法增强色调异常信息,其中 TM457 图像与 ETM 的 Pan波段经过 HIS 分辨率融合后生成的 ETM457 图像效果最佳。利用监督分类和人机交互式解译提取了异常信息。根据其光谱特征和色调(色彩)显示,工作区的色调异常可分为三种类型。

1)高反射率浅色调羟基和碳酸盐化异常

高反射率的浅色调异常显示了含羟基绿泥石、阳起石、绢云母和碳酸盐化等蚀变矿物信息,在 TM 图像上各波段反射率都比较高,特别是 TM5 波段(图 5-10 白 2)。因此在各种增强处理的图像上都显示清晰,在 ETM457 遥感影像上显示为白色-浅青绿色(图 5-11),在 TM-mineral 指数图像上显示为鲜艳的黄绿色(图 5-9)。部分地段 TM3 波段反射率大幅增加(图 5-10 白 1),对比标准矿物光谱曲线,推测是由于黝帘石化蚀变引起,但范围有限,所以二者并为一种类型。

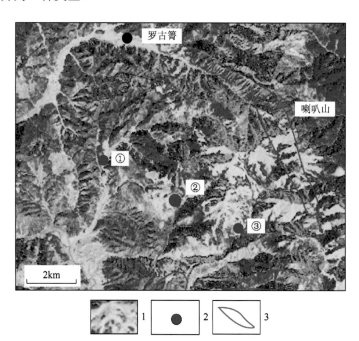

图 5-9　罗古箐地区 TM-mineral 指数图

1. 色彩异常;2. 矿点;3. 侵入岩体;①青甸湾;②菜籽地;③飘雪岩

区内提取该类异常色斑共有 119 个,总面积 34.30km^2,大多分布于通甸矿区范围,另外在侵入岩体的周围也有分布,该类异常总体呈 NW 向沿喇叭山-弯路子侵入岩出露区规律展布,贯穿全区,在通甸矿区受 NE 向线性构造带和罗古箐环形构造影响而拓宽。

2）低反射率深色调铁染异常信息

该类异常在 TM4 波段反射率稍高，在其他波段反射率都比较低。在 TM432、SPOT432 和 ETM457 遥感影像上显示清晰（图 5-10 棕），分布于通甸矿区以及侵入岩体的周围。经与 USGS 光谱库矿物波谱曲线对比，推测该类异常是由含铁矿物所致。该类异常总体呈 NW 向沿喇叭山-弯路子侵入岩出露区规律展布，贯穿全区。区内提取该类异常图斑共有 42 个，总面积 21.12km^2。

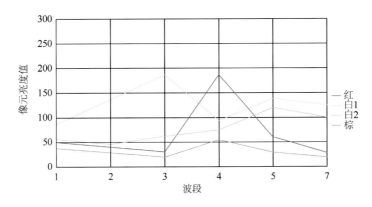

图 5-10　通甸地区色调异常区 TM 图像 1～5 波段与 7 波段光谱剖面图

3）铁帽异常信息

该类异常信息只有在 ETM457 遥感影像上显示清晰，呈现为鲜艳的橘红色斑块，零星分布于前两种异常内部或周围。其波谱特征与铁染异常形态相似（图 5-10 红），但 TM4 波段的反射率数倍增加，推测其为含铁矿物氧化露头在遥感影像上的显示。提取该类图斑 148 个，总面积 0.94km^2。最大的一个图斑面积为 0.07km^2，位于工作区东南角飘雪岩环体边缘的一个次级环形构造的环缘附近，周围还有数个类似的图斑 [图 5-11（c）]。

工作区内两类异常相伴出现，套合较好，形成了一条宽约 4km（通甸矿区拓宽为 7km），长 18km 的色调异常区带（图 5-12），两侧都向区外延伸，向北与金丝厂矿区连接，向南延续至老君山斑岩体。同时沿该带地面出露数个喜马拉雅期斑岩体，虽然这些侵入岩体在地表并不相连，但连续的色调异常带显示深部有隐伏岩体存在的可能。色调异常带在菜籽地—飘雪岩一带拓宽，环形构造控制了矿床产出的部位，说明通甸矿区的铅锌矿床的成因与热液蚀变的关系更为密切。

工作区已发现的矿（化）点地质特征显示，矿化匀与蚀变密切相关。通过铁染异常的提取，可在本区探寻褐铁矿化带，为找矿提供指示；绿泥石化、绿帘石化、碳酸盐化则与铜、铅、锌等多金属矿化相伴相生，铁帽异常的提取提供了更直接的找矿指示信息。

图 5-11　遥感微弱矿化信息（ETM457 遥感影像）

羟基与碳酸盐化异常：(a)、(b)、(c) 图中白色-浅青绿色斑块。铁染异常：图 (a) 中棕色斑块。铁帽异常：图 (c) 中橘红色斑块

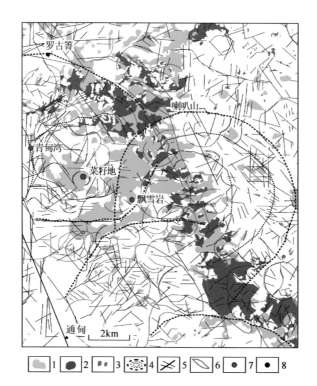

图 5-12　通甸地区遥感微弱矿化信息分布图

1. 羟基与碳酸盐化异常；2. 铁染异常；3. 铁帽异常；4. 环形构造；5. 线性构造；6. 侵入岩体；7. 矿床；8. 居民点

5.5　环形构造对矿床成因的启示

　　兰坪通甸铅锌矿成因类型说法不一，早期认为是沉积型，目前认为其为沉积-改造型或火山沉积改造型。火山沉积改造观点认为，该区印支期火山岩属于海底火山喷发，以印支期为主，它与碳酸盐岩为同期沉积，矿床与火山喷发活动有关。碳酸盐岩的沉积一定程度上受火山喷发机制的制约（张金学等，2009；陈梁等，2009）。还有的研究者持喷流沉积成矿观点，认为该矿床为地层控矿（黄玉凤，2011）。

　　通过以上对通甸地区环形构造及环体周围喜马拉雅期侵入岩体和围岩蚀变信息的分析，推测这一环体为隐伏的侵入岩体引起，并且铅锌矿化的形成是受到了隐伏岩体的控制。通甸铅锌矿区可能是与北衙斑岩型矿床类似的多金属矿床。在该区的地表发现中低温的铅锌矿床，在深部可能存在较高温度的铜、金、钼矿床，是有找矿前景的有利区段。

第6章 澜沧老厂矿床遥感影像特征

澜沧老厂矿床位于滇西南澜沧县北西 30km 处，行政区划属云南省思茅地区澜沧县竹塘乡。矿床中心位于东经 99°45′，北纬 22°45′。澜沧至西盟公路从矿区北缘通过，交通较方便。矿区海拔 1650～2301m，地势北高南低，最高点海拔 2458m，最低点海拔 749m，相对高差 1709m，属深切割的高中山地形。矿区为中高山岩溶剥蚀地带，以侵蚀岩溶为特征。外围较大的河流有黑河与库杏河，前者为澜沧江支流，后者为怒江支流。

澜沧老厂矿床采冶历史悠久，始于明朝永乐二年（1404 年），遗留采矿老硐 100 余个，97%集中于燕子洞-莲花山碳酸盐岩中。本区累计探明金属量中，银大于 1737t，铅＋锌120 万 t，铜 10.6 万 t，其中在下石炭统依柳组（C_1y）火山岩中探明的铅金属量为 26.1323万 t，而在碳酸盐岩中累计探明的铅金属总量为 60 万 t，该数据为真正在中、上石炭统至下二叠统（C_{2+3}-P_1）碳酸盐岩中探明的铅金属总量与产于 C_{2+3}-P_1 碳酸盐岩中的银铅锌矿石转化成的次生铅金属总量之和（西南有色地质勘查局，2000）。

6.1 地 质 概 况

6.1.1 区域地质概况

澜沧地区属云南昌宁-孟连成矿带，该地区是三江成矿带南段重要的银铅锌铜多金属成矿区之一（图 6-1）。昌宁-孟连这一地质单元东以澜沧江断裂为界，西侧北部以马吉断裂、怒江断裂的福贡-碧江段、碧江-曹涧断裂和柯街断裂为界，向南延入缅甸境内，总体呈 SN 向展布的多边形条块。按照板块-地体学说，该区是昌宁-孟连微板块，是冈瓦纳古陆与欧亚大陆缝合带的一个组成部分，位于保山-掸邦陆块之东缘,西临兰坪-思茅微板块，而北西与保山微板块相衔接。

1. 地层

区内出露泥盆系、石炭系、二叠系、侏罗系、白垩系、古近系和新近系等地层，不整合覆盖于澜沧群之上（图 6-1）。新元古界澜沧群主要分布于本区东部，区内仅出露曼来组与惠民组。曼来组（Ptml）属片岩中夹有变余酸性斑岩的一套绿片岩相变质岩系；惠民组（Pth）主要为绢云母石英片岩夹绿泥石片岩、绿泥绢云石英微晶片岩；泥盆系（D）出露于本区的中部和西部，不整合于澜沧群之上，岩性主要为黄绿色变质不等粒含岩屑石英砂岩、杂砂岩、石英砂岩、粉砂岩夹硅质岩、硅质页岩、砂质板岩及页岩；石炭系地层广泛发育，厚度大，层序全，是澜沧裂谷的主体，分为下、中、上石炭统。下石炭统由南段组碎屑岩及依柳组火山岩组成，中、上石炭统为一套碳酸盐岩。下石炭统依柳组（C_1y）主要由偏碱

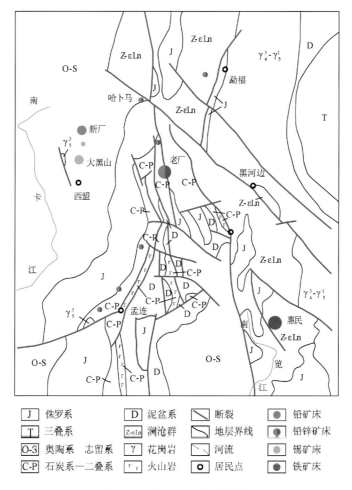

图 6-1　澜沧地区地质简图

性的中基性火山熔岩、火山碎屑岩、凝灰岩夹凝灰质砂页岩和少量灰岩、白云质灰岩透镜
体组成，是构成澜沧裂谷的主体，为区内主要的含矿层之一。由于构造的影响，区内缺失
上二叠统，只出露下二叠统，分为回行组、景冒组的碳酸盐岩和拉巴组的碎屑岩；区域仅
出露中侏罗统花开佐组及上侏罗统坝注路组的碎屑岩系；白垩系碎屑岩与下伏侏罗系红层
呈假整合接触；上新统勐滨组（N_2m）分布于山间盆地及河谷阶地，下部为砂砾岩，上部
为泥岩、页岩夹杂褐煤层，与下覆地层不整合接触；第四系（Q）分布于盆地、河谷及山
坡，从更新统至全新统皆有分布，除底部有砂砾岩、泥岩夹褐煤外，其余皆为松散沉积的
冲积、湖积、残坡积层。

2. 区域构造

澜沧地区地质构造复杂，构造线受 SN 向澜沧裂谷的控制，基本构造形态是一个 SN
向的大型地堑，地堑的东西两侧为新元古界澜沧群和西盟群构成的上升地块，主要构造有
基底断裂系、逆冲推覆（滑覆）构造系、共轭断裂与弧形构造系等（林尧明等，1983）。

1）基底断裂系

澜沧地区断裂构造十分发育，大型断裂将该区分割成许多断块，这些断块的边界常常是发育在基底上的大型断裂构造，是多期活动的"古老"断裂，在裂谷阶段之前就已形成。在晚古生代裂谷扩张时期这些基底断裂重新活动，控制了华力西期火山活动。

澜沧裂谷的基底断裂有 SN 向和 NW 向两组，其中 SN 向断裂为主干断裂，控制了澜沧-拉巴-孟连-曼信主干裂谷的形成及火山活动，NW 向的断裂为次级断裂，它与 SN 向断裂的交汇部位往往就是火山喷发中心所在地。

2）逆冲推覆（滑覆）构造系

晚二叠世后，在 EW 向挤压作用下裂谷开始封闭，形成逆冲构造系。在裂谷封闭时期，该区还发生了一次较大规模的推覆作用，形成许多推覆构造。如老厂、阿卡白、邦沙、景信-斑艾、阴山等逆冲推覆构造，它们形成裂谷中众多的推覆体、构造窗和飞来峰。

3）共轭断裂与弧形构造系

共轭断裂是指 NW 向黑河左行平移大断层和 NEE-NE 向孟连-澜沧右行平移逆冲大断层，两断层组成共轭断裂系，并将澜沧裂谷分成两段。在自西向东的挤压应力作用下，两共轭断层发生走滑并产生拖曳作用，使两断层间的断块发生弧形弯曲，使主要构造线的走向、地层展布以及山脊、水系等呈近 SN 向的弧形弯曲，并在本区形成著名的向东突出的拉巴弧，在孟连以南至曼信形成向西凸出的反射弧。整个裂谷包括中生代在内的地层均呈弧形弯曲形成共轭断层和弧形构造系。该构造系也包含中生代地层，应当是燕山-喜拉雅运动的产物。

3. 区域岩浆岩

澜沧地区岩浆活动具有多期性，晋宁期—加里东期为中酸性-基性喷出岩，后变质为西盟群和澜沧群；华力西早期有小规模酸性侵入体，中期有基性-中基性岩浆喷溢，并有少量的基性、超基性岩浆侵入；印支期有酸性岩浆的侵入和喷溢，以及部分基性岩浆的喷溢；燕山早期有酸性岩浆的侵入和基性岩浆的喷溢，以及晚期酸性岩浆的侵入和岩脉的充填；喜马拉雅期有基性岩浆的喷溢和酸性岩浆的侵入（段锦荪等，2000）。该区岩浆岩的分布受断裂及褶皱的控制，主要是早期为张性，后期转化为压扭性的断裂带。在构造转折或压力降低的部位，如弧形褶皱的顶部或断裂两侧。

1）火山岩

昌宁-孟连裂谷系火山岩带呈 SN 向展布，北起昌宁，南经耿马、澜沧老厂、孟连曼信后延伸出国境至缅甸，断续分布长达 400 多千米，在澜沧地区称为下石炭统依柳组火山岩。区内共出露 4 个火山岩支：西部火山岩支从哈卜马—老厂—孟连—曼信断续分布长80km，并向南延伸进入缅甸境内；东部火山岩支从竹塘至澜沧长 35km；中部有长 33km 的牡音火山岩支和长 20km 的大平掌火山岩支。

依柳组火山岩系主要由碱性玄武质火山岩类、过渡性玄武质火山岩类和拉斑玄武质火山岩类及其相应的火山碎屑岩类组成，并以碱性玄武质火山岩分布最广。火山碎屑岩包括凝灰岩、火山角砾岩及火山集块岩，总体上熔岩类以基性熔岩为主，其次为中性熔岩及超基性熔岩。

区内火山岩可分为上下两部分：上部以安山质、粗安质、玄武质凝灰岩和沉积凝灰岩为主，夹少量杏仁状玄武岩、安粗岩，局部分布有安山质凝灰角砾岩；下部主要为致密块状粗面质碱性玄武岩、玄武岩、粗安岩夹玄武质、粗质凝灰岩、凝灰角砾岩，火山集块岩。

老厂矿区处于老厂-喇叭-孟连近 SN 向火山岩支与老厂-澜沧 NW 向火山岩支的交汇部位，构造复杂。根据澜沧老厂矿田地层分布及构造格局，可划分为西部侏罗系盆地、中部火山洼地、东部南段组隆起及中央泥盆系推覆体，彼此之间以断裂为界。与区域构造特征相似，澜沧老厂矿田构造以近 SN 向断裂构造为主，NW 向、NE 向及近 EW 向断裂构造也比较发育。

老厂矿区位于 SN 向火山洼地中央，矿区西侧（从芭蕉塘至南本一带）泥盆系地层为大型推覆体，超覆在下石炭统依柳组火山岩和中石炭统—下二叠统碳酸盐岩之上。在泥盆系推覆体西侧考底一带，中石炭统碳酸盐岩底部见零星剥蚀出来的火山岩，推测考底和老厂同属 SN 向大型火山洼地。

2）岩浆岩

研究区内中酸性岩类分布广泛，属于贡山-勐海中酸性侵入岩带，沿澜沧江深断裂带、临沧-勐海地区、耿马-西盟地区，形成 SN 向带状分布的三个具有不同特征的花岗岩亚带。

澜沧江岩带：大致沿澜沧江深断裂带呈断续线状展布，长 850km。为燕山早期及晚期的（中）酸性杂岩，岩石类型为闪长岩、石英闪长岩、花岗闪长岩、二长花岗岩、花岗斑岩。单个岩体规模较小，一般为浅成-超浅成侵位。同位素龄值分别为 155Ma 和 85Ma。此带中还有基性-超基性岩分布，与花岗岩可能为同源产物。花岗岩类可能是地幔与地壳物质同熔成因。

临沧-勐海岩带：紧靠澜沧江西侧分布，由宽 10~50km、长达 400km，出露总面积达 8000km^2 的巨大的临沧岩基为主体构成。岩基由华力西-印支期、印支期、燕山期及喜马拉雅期花岗岩类深成岩等多个岩体组成，其中以华力西-印支期侵入体最发育，印支期、燕山早期及喜马拉雅期岩体多分布于岩基的南北两端及西侧，均侵入于澜沧群变质岩中。主岩基边缘常具片麻理，内部亦保留大量变质岩残盖、残体及残留层，岩体与混合变质岩常具渐变接触关系。因此，应属于准原地花岗岩，为同造山-后造山作用形成。

临沧复式岩基南端之边缘分布有布朗山、曼博-勐宋、扎罕香-查尔雅康、金怕光等一系列印支期侵入体，各岩体出露面积多在 10km^2 以下，呈岩株或者墙状产出。据其产出地质条件分析，它们可能是临沧复式岩基派生的"卫星"岩体，均侵位于新元古界澜沧群，其上无沉积盖层。除布朗山岩体北东侧及曼博-勐宋岩体东侧之外接触带有接触变质带断续分布外，其他岩体外接触带未出现明显的接触变质带。岩基的中部西侧有红毛岭等燕山期小岩体，北端有铁场、凤庆岩体。

耿马-孟连岩带：主要沿晚古生代裂谷期后的断裂带分布，但不连续，自北向南如云岭、耿马、西盟、孟连等处于同一构造带的同期岩体。耿马大山岩体显示 S 型花岗岩类岩石化学特征，该亚带主要成岩期仍为印支期，与临沧岩体一致或稍晚，同时也有燕山晚期—喜马拉雅早期的岩体（如柯街、西盟）。该带花岗岩主要为印支期偏中性的一套钙碱性岩石，不具备典型裂谷岩浆岩组合特点，但是花岗岩的形成又与裂谷的特定构造环境有关。

4. 昌宁–孟连地区大地构造演化与成矿

元古宙结晶基底的形成：元古代时，作为冈瓦纳古陆边缘的大陆边缘裂谷，昌宁–孟连裂谷系处于陆源碎屑沉积、火山喷发阶段。晋宁运动使这些岩石褶皱变质，形成本区的结晶基底西盟群和澜沧群。

元古宙结晶基底的上升和加里东拗陷雏形的形成：加里东期，由于热流上涌，地幔上升，元古宙结晶基底迅速抬升，发生 SN 向拗陷，使这个元古宙隆起带产生 EW 向分裂，东侧是澜沧群，西侧是西盟群。

拗陷迅速加深，晚古生代沉积作用开始：加里东晚期，拗陷迅速加深，东西两侧与中部的高差加大，形成两侧为隆、中间为海的格局。进入海西期，元古宙遭受剥蚀，拗陷中心接受沉积，形成泥盆系巨厚沉积；下石炭统南段组为一套复理石建造，表明在沉积过程中拗陷在加大，并向裂陷转变，裂谷的雏形已形成。

裂陷加剧，火山作用，浅变质作用的发育：进入华力西中期，下石炭统南段组沉积的末期阶段，随着裂谷的加深，热流值不断升高，最终导致断裂深切上地幔，岩浆沿深断裂上侵，形成绵延数百千米的基性–超基性火山岩，也造成了泥盆系及下石炭统南段组的褶皱与变质，以及堑垒构造深断裂的形成。

稳定沉积时期：经过早石炭世的火山作用，澜沧裂谷进入了相对稳定的浅海环境，形成了中、上石炭统及下二叠统的厚层灰岩、白云岩沉积。

火山活动及裂谷的最终封闭：二叠纪末期，泛大陆最终形成，裂谷收缩，处于半深海闭塞环境，沉积碳质碎屑岩及硅质岩建造。晚三叠世，裂谷最终封闭，NEE 向的侧向挤压，造成早期地层和断裂的弧曲以及大规模的逆冲推覆体构造、堑垒构造的形成。临沧印支期花岗岩体大规模侵位，裂谷东侧澜沧群消失。

侏罗系沉积和隐伏花岗岩的侵位：燕山运动使整个裂谷发生强裂挤压、剪切构造作用；喜马拉雅期印度板块与欧亚板块碰撞拼贴，再度引起花岗岩质岩浆活动。燕山–喜马拉雅期中酸性、基性和超基性岩浆侵入。与成矿关系最为密切的是沿古火山机构侵入的（中）酸性岩体，它一方面带来新的成矿物质，另一方面使地层和矿化体中的成矿物质活化、迁移、富集，最终形成以澜沧老厂银铅锌铜多金属矿床为代表的多因复成矿床。

6.1.2　矿区地质概况

1. 矿区地层

矿区地层自下而上有（图 6-2）：泥盆系、石炭系、二叠系及第四系。泥盆系为一套碎屑岩、硅质岩建造，在矿区呈飞来峰出现。下石炭统为火山–沉积建造，中石炭统至下二叠统为一套连续沉积的碳酸盐建造，是矿区主要出露的地层，也是银铅锌铜多金属矿床的含矿层位。

1）泥盆系

（1）下泥盆统（D_1）：分布于矿区西侧。下部为灰、灰绿色页岩、砂质泥岩夹细粒长石石英砂岩、石英砂岩；上部为灰绿色中厚层状细粒长石石英砂岩夹灰黑色硅质岩、页岩。厚度大于 330m。

（2）中、上泥盆统（D_{2+3}）：出露于新家坡、馒头山等地，属外来体；系灰绿色长石石英砂岩夹砂岩、千枚状板岩、硅质岩及变质凝灰岩；可见厚度约 70m，与下伏中、上石炭统碳酸盐岩地层呈断层接触。

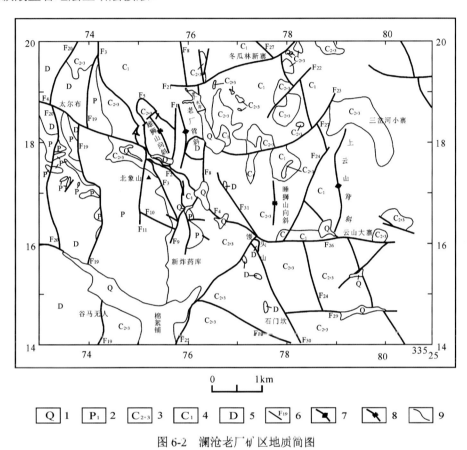

图 6-2　澜沧老厂矿区地质简图

1. 第四系；2. 下二叠统；3. 中、上石炭统碳酸盐岩；4. 下石炭统火山岩；5. 泥盆系碎屑岩、硅质岩；
6. 断层及编号；7. 背斜轴；8. 向斜轴；9. 地层界线

2）石炭系

（1）下石炭统（C_1）：为火山-沉积建造，主要由基性-中性、碱基性-碱中性火山岩及碳酸盐岩组成，其中火山岩又以火山碎屑岩为主，次为熔岩，厚度达 870m。西南有色地质勘查局 309 队又将其细化分为 8 层，三个火山旋回。由下往上，第一火山旋回（C_1^1-$C_1^{2\beta}$）主要为玄武质熔结角砾岩、角砾凝灰岩、玄武质安山角砾岩到杏仁状安山岩、流纹状玄武质凝灰岩。第二火山旋回（$C_1^{3\beta}$、C_1^4 和 C_1^{5+6}）为粗面玄武岩、橄榄粗安岩组成的集块岩、角砾岩及复屑凝灰岩，顶部是 I 号层状、似层状矿体赋存部位。第三火山旋回（C_1^7 和 C_1^8）为碱性玄武岩浆产物，其顶部为 II 号层状、似层状矿体赋存层位。三个火山旋回总厚 540～930m，分布于老厂背斜轴部。

（2）中、上石炭统（C_{2+3}）：根据岩性分为两个岩性段。①白云岩及灰岩段（C_{2+3}^1）：下部深灰色中厚层状泥晶灰岩，夹硅质条带及紫色页岩，靠底部见少量单体珊瑚化石；中部灰色块状中粗晶白云岩夹泥晶灰岩、鲕状灰岩，含单体珊瑚及蜓科化石；上部灰白色泥晶灰岩及白云岩，偶见泥质条带，全厚 310～430m。本层与下伏火山岩呈整合（局部为断层）接触，下部为Ⅲ$_1$号矿体部位，底部灰岩局部含矿与Ⅱ$_1$、Ⅱ$_2$构成同一矿体。②珊瑚灰岩段（C_{2+3}^2）：灰色中厚层状-块状灰岩，以含较多的珊瑚化石为特征，并含少量蜓科化石，厚约 50m。

2）二叠系（P）

（1）区内仅出露下二叠统，可分为块状灰岩段及生物灰岩段。

块状灰岩段（P_1^1）：灰色块状灰岩及白云质灰岩，局部可见同质角砾状灰岩，含大量蜓科、菊石类化石，在大铁帽一带见含铅褐铁矿脉，厚 210～280m。

（2）生物灰岩段（P_1^2）：灰色块状泥晶灰岩，顶部为中厚层状灰岩，含大量蜓科及少量单体珊瑚化石，厚 50～140m。

3）第四系（Q）

第四系残坡积物、冲积物及人工堆积物，分布于山谷、沟谷、落水洞及岩溶洼地中，由灰黑、棕红、褐黄色黏土、砂土、砾石及少量砂铅矿、废矿石等组成，局部地段为崩落灰岩。厚 0～90m。

2. 矿区构造

老厂矿区处于澜沧江 SN 向弧形断褶系北部的次级构造——老厂断褶束部位，矿区以断裂发育，褶皱不完整。

1）褶皱

矿区自东向西有象山单斜、雄狮山向斜、老厂背斜、睡狮山向斜和上云山背斜等。

（1）象山单斜：分布于南、北象山一带，由中、上石炭统及下二叠统灰岩组成，为一走向 N27°W、总体倾向 SW、倾角 24°的单斜构造。因受 F_1、F_3、F_{11} 台阶式逆断层的影响，造成地层波状挠曲，以致下伏火山岩向西埋藏深度加大。

（2）雄狮山向斜：由中、上石炭统（C_{2+3}）灰岩组成，长 1400m，宽 600m，轴向 N20°W，两翼倾角 20°～28°，其四周均为被断层围陷的小向斜。李峰等（2010）认为，雄狮山向斜并不存在，其实是一个单斜构造，是老厂背斜西翼在 F_4 以北的部分。

（3）老厂背斜：从莲花山至茨竹河，长 5km，构成轴向近 SN、向南倾伏的短轴背斜。核部由中、上泥盆统砂页岩及下石炭统火山岩组成，两翼为中、上石炭统石灰岩，地层倾角 20°～34°。由于受到 SN 向 F_1、F_8 及近 EW 向 F_7、F_{21}、F_4 断层的切割破坏，造成褶曲连续性差，形态不完整。沿背斜轴部火山岩发育。澜沧老厂矿床位于背斜倾伏端部的南本一侧。F_4 断层以北，老厂背斜的地表迹象相对清晰，转折端较为圆滑，为宽缓型短轴背斜，轴向大致沿 SN 向延伸。F_4 断层以南，老厂背斜的地表形迹不清楚。但据勘探线剖面分析，背斜不但存在，而且形态较为复杂。总体为西翼陡、东翼缓的短轴倾伏斜歪背斜（李峰等，2010）。

（4）睡狮山向斜：位于老厂背斜与上云山背斜之间，由 C_{2+3} 灰岩构成的小褶曲；沿睡狮山—馒头山一带延伸，总体走向 SN，为宽缓型褶皱，轴线不太明显。

（5）上云山背斜：位于矿区东部上云山一带，由 C_1 火山岩组成，背斜长短轴比约为3，是典型的火山穹窿短轴背斜。

2）断裂

断裂构造是澜沧老厂矿床重要的成矿地质条件，首先，区域性的基底构造控制了火山喷发中心、侵入岩及成矿带的空间展布；其二，大断裂的交汇部位往往是火山喷发中心、岩体上侵及矿化集中区，澜沧老厂矿床就恰好位于 SN 向、NW 向、NE 向和隐伏的 EW 向四组断裂的交汇部位；其次，构造还直接控制了矿体的产出。澜沧老厂矿床构造主要为断裂构造（包括层间断裂），其次是褶皱构造及侵入体的接触带构造。

（1）SN 向断裂。①F_1 逆断层：分布于 16 道班至莲花山之间，长 4500m，走向近 SN，倾向东，倾角 70°～80°，造成东盘下石炭统火山岩上逆到中、上石炭统灰岩之上，垂直断距 300～500m，被 F_4 分割（错开 200m）的逆断层。断层破碎带宽 60 余米，断面稍有弯曲，一般南部断距大。这是老厂背斜西翼大的压性断层之一，为 II_5 矿体的控矿构造。②F_3 逆断层：从 1963m 高程点，沿青龙阱景象山东侧延至莲花山一带，走向 N25°W，倾向NE，倾角 70°～85°，延长 400m 的逆断层。其断距 200～280m，在 21 线被 F_4 错移 200m，分成南北两段。北部下石炭统火山岩上逆到中上石炭统灰岩之上，地貌上形成陡坎。南部则断于灰岩中，灰岩破碎。③F_8 正断层：走向 SN，倾向东，倾角大于 80°，延长 2800m，使中、上石炭统灰岩下降与 C_1^4 火山岩及泥盆系地层接触。垂直断距大于 200m，断层带宽约 5m，火山岩具揉折破碎，沿断层线形成沟谷地形。

（2）NW 向斜交断层。①F_4 平移断层：在太尔布至上云山之间，全长 7800m，走向 N55°W，倾向 NE，倾角 35°～70°，是穿过全区的斜交平移扭性断层，使北西盘地层或构造线（F_1、F_3）系统向西推移 100～200m。在中部 25 150 线间长 1500m 内，下盘火山岩是主矿体的赋存部位；21-7 线间断层显正性，6 线以南为逆性，垂直断距均在 150～200m 以上，破碎带宽 2m以上。②F_2 层间断层：在 14 线至 152 线之间，长 750m，走向 N52°W，倾向 SW，倾角 0°～50°（局部陡直），系 C_1 火山岩由于 C_{2+3} 碳酸盐岩界面上的层间断层，地表被浮土掩盖，经大量钻孔与小坑控制。断层破碎带宽 4m，断面凹凸不平，为 II_1、II_2 矿体的容矿构造。

（3）NE 向斜交断层。F_7 正断层：位于莲花山老厂背斜倾伏端部，走向 N30°E，倾向SE，倾角 80°，使 C_{2+3} 灰岩下掉与 C_1 火山岩相接触。

（4）其他主要的断层。①F_5 正断层：为雄狮山北部的一个环形断层，造成 C_1 与 C_{2+3} 不正常接触。该断层长 2000m，走向 N10°-35°W，向内倾斜，倾角 50°～80°，断距大于 50m。②F_{10} 推测断层：为南象山灰岩内的弧形断层，长 800m，走向 N65°W，倾向 NE，倾角陡。③F_{11} 逆断层：为大铁帽灰岩内断层，沿断裂带有较强较多的铁、锰、铅、锌矿化。

3. 火山岩、岩脉

1）火山岩

该区火山岩主要是一套以碱性橄榄玄武岩系列和拉斑玄武岩系列为主的岩石。在老厂矿床火山岩系至少包括 3 个火山-沉积旋回：下部旋回为粗面玄武岩、粗面安山岩及其火山碎屑岩类，夹火山沉积岩、灰岩、粉砂岩等，含有多个岩相韵律，并在每次爆发期末或间歇期出现喷气硅质岩与硫化物矿层；中部旋回为玄武岩、杏仁状粗面安山岩及其火山碎屑岩夹粉砂岩、泥质硅质岩等，包括 2 个岩相韵律，即玄武岩-凝灰角砾岩-杏仁状粗面安山岩-粗面安山质集块角砾岩、角砾凝灰岩；上部旋回由碱性苦橄玄武岩及其火山碎屑岩类组成，也包括 2 个岩相韵律，其特征相似，均为熔岩-角砾凝灰岩。总体上，老厂矿区火山岩系中火山碎屑岩比较发育；熔岩比例较小，反映火山作用以爆发作用为主。

2）岩脉

矿区仅出露少量中基性岩脉，主要是辉绿岩脉和橄榄玄武玢岩。

（1）辉石云煌岩脉：脉宽 2m，沿 C_{2+3} 碳酸盐岩与 D_{2+3} 砂岩接触断层带侵入。

（2）辉绿岩脉：出露于雄狮山顶 C_{2+3} 碳酸盐岩中，长 100m，宽 10～15m，沿着走向两端均被断层切断、消失。

（3）橄榄玄武玢岩：见于老厂矿区及西盟公路 12.8km 处，呈岩墙、岩脉产出。Rb-Sr同位素年龄为（133±3）Ma，说明老厂矿区燕山期有基性次火山岩活动。

4. 隐伏中酸性岩体

1）昌宁-孟连裂谷具有多期次的岩浆活动

（1）海西中期火山作用：海西中期澜沧裂谷加深，断裂深切上地幔，上地幔岩浆沿断裂上涌，形成整个澜沧裂谷广泛发育的下石炭统依柳组火山岩。老厂、拉巴、孟连等 SN向断裂与 NW 向断裂的交汇处是火山活动的中心。

（2）印支期花岗岩：晚三叠世近 EW 向侧向挤压造成早期 SN 向断裂弧形扭曲，临沧花岗岩基大规模侵位。

（3）燕山期—喜马拉雅期花岗岩：燕山-喜马拉雅期印度板块与欧亚板块碰撞拼贴，昌宁-孟连微板块受到强烈的 EW 向挤压，再度引起花岗岩质岩浆活动。

（4）该区古近纪—新近纪时期还有大量的安山玄武岩喷发。

2）隐伏岩体存在标志

由于构造的继承性及多期活动性，后期的酸性或中酸性岩浆完全有可能借早期的裂谷、深部断裂或原火山通道上升侵位，形成火山岩-次火山岩-深部岩浆岩的火山-岩浆系列。老厂矿区的北东侧为近 SN 向延伸的印支期—燕山晚期临沧复式花岗岩基（ γ_5^1-γ_5^3 ），西侧沿沧源-西盟褶断束有一系列印支期—喜马拉雅期花岗岩小岩株侵入，并有含铅石英脉穿插。澜沧地区是 EW 向挤压作用最强烈的地区。因此，从大地构造背景及区域地质构造环境综合分析，老厂地区具备有隐伏岩体存在有利地质背景，虽然地表未见中酸性岩体出露。但是近年来，地质工作者已发现越来越多隐伏岩体存在的标志。

（1）在矿区的地表及深部钻孔中发现一系列标志存于隐伏岩浆活动相关的辉石云煌岩、碱长花岗斑岩和同化混染石英钠长岩（欧阳成甫，1994）。

A. 辉石云煌岩：见于地表个别露头及探槽中（TC864），走向近 SN，沿断层侵入。岩石具有煌斑结构，斑晶和基质均由黑云母、钛辉石、钾长石等组成，也见浸染状及丝发状的黄铁矿、黄铜矿。富钾而不富钠，但早石炭世火山残余岩浆是富钠的，故不与富钠的早石炭世的火山岩同源，而与富钾的燕山期花岗斑岩有关。

B. 碱长花岗斑岩：1988 年西南有色地质堪查局 309 队在 ZK15006、ZKI5007 和ZK15106 三个钻孔近终孔部位揭露到花岗斑岩脉，大致出现在 150 和 151 勘探线 1100～

l500m 标高范围（程相皋等，1991）。其特征为斑状结构，从浅部至深部，其斑晶钾长石为高正长石-中微斜长石。花岗斑岩的锶同位素初始比值为 0.7113（Rb-Sr 等时线法），为地壳重熔成因。据其氧化物分子数在 ACF 图解中投影，落在 S 型花岗岩区。凡有花岗斑岩产出，其岩体内及外接触带均有浸染状及丝发状的黄铁矿、黄铜矿的富集，铜矿体产于银铅矿体的下部，且揭示有花岗斑岩脉及矽卡岩，表明深部可能有隐伏岩体。

2007～2008 年危机矿山接替资源找矿专项——"云南省澜沧县铅矿接替资源勘查项目"实施中，先后在 ZK153101、ZK1484、ZK1487 和 ZK14830 等钻孔中再次揭露到花岗岩（脉）、矽卡岩化带，并发现辉钼矿化带（李峰等，2010）。

C. 石英花岗质细脉带：ZK15031、ZK15202、ZK1002 钻孔（孔深 300～400m，标高 1520～1620m）中出现含浸染状黄铜矿的钾长质-石英花岗质细脉带。值得注意的是，凡花岗斑岩脉及花岗质细脉带出现的地方均有铜、金的工业矿化。石英花岗质细脉带是隐伏岩体存在的标志。

D. 同化混染石英钠长斑岩：见于地表个别露头，沿断层带呈脉状产出。岩石具不等粒结构，主要成分为钠长石：$An = 6$，$S = 0.93～0.95$，斜长石具环带结构，核心斜长石 $An = 52～53$，$S = 1$，外环为钠长石。二者共占 50%。石英呈碎裂状，占 10%，细粒长英质矿物占 25%，其余为方解石等。未见铜、铅、锌矿化。

（2）各种岩脉成矿元素。老厂矿区内隐伏花岗斑岩脉的银、铅、锌、铜平均含量明显高于同类岩石的地壳克拉克值，辉石云煌岩也较富含矿物质，说明老厂矿区伴随燕山-喜马拉雅期隐伏岩浆活动（特别是花岗岩类）有明显的叠加改造成矿作用。

（3）围岩蚀变特征及其标志。矿区围岩蚀变类型复杂、形式多样，以老厂为中心向四周逐渐减弱。蚀变分带从下至上是：花岗质细脉带-矽卡岩化（或角岩化）带-石英绢云母化带（钾化带）-青盘岩化带（钠化带）-铁锰碳酸盐化带。深部有矽卡岩化（在有碳酸盐成分的火山岩部位）及热变质引起的角岩化（在泥盆系砂泥质岩石部分）围岩蚀变。

（4）地球化学标志。老厂矿区的地球化学标志表明：矿区的深部应有隐伏岩体存在。据 1∶20 万区测化探资料表明：以老厂为中心，从内向外有锡、铅、锌、铜的环状化探异常分布。异常跨越泥盆系、石炭系及二叠系的不同地层，但均末受地层原始元素含量的影响，说明成矿元素物质很可能主要与深源岩浆上涌有关。矿产的专属性及区域矿产资料表明，特别是锡元素的化探异常与酸性花岗岩有关。经调查，老厂矿区睡狮山地表有 Sn、Au、Cu、Pb、Ag、Mn 等多元素原生晕异常，其中 5 件样品 w（Sn）大于 0.1%（李光斗，2010）。

（5）同位素标志。同位素资料表明，该矿床的成因与隐伏岩浆岩体有关：①欧阳成甫（1994）和李虎杰（1995）根据矿物及矿物包裹体水的氢、氧同位素组成推测成矿初期阶段热液以岩浆水为主，稍晚有大气降水混入。②薛步高（1989）将澜沧老厂矿床的铅同位素与兰坪金顶、广西泗顶、贵州普安、湖南花垣、陕西大西沟等矿床及大洋中脊拉斑玄武岩的铅同位素对比，认为老厂铅同位素数据虽然接近大洋中脊拉斑玄武岩，但不是火山源，而 C_1 火山岩在区域上也没有铅锌异常，故而认为老厂的铅源来自幔源（岩浆源）。③锶同位素（$^{87}Sr/^{86}Sr$）表明，成矿溶液（以石英为代表）的比值（0.713）与花岗斑岩（0.711～0.7125）接近，而与火山岩（0.704～0.707）差别较大（欧阳成甫，1994）。④薛步高（1989）将澜沧老厂矿床方铅矿、黄铁矿的硫同位素与火山岩黄铁矿型铜矿床、斑岩型铜矿床和矽卡岩型铜铁矿床的硫同位素比较，认为老厂接近于矽卡岩型或岩浆热液型，推断老厂金属硫化物的硫源与隐伏中酸性岩浆岩有关。

（6）地球物理标志。矿区 NE 向 14km 以外为临沧花岗岩岩基，内有燕山期花岗岩小岩株；矿区 SE 向 50km 处为孟连阴山燕山期花岗岩体及广别花岗闪长岩体。这些岩体距老厂矿区都不远；根据张准等（2006）的滇西地区重力局部异常图，老厂矿区的重力值恰位于临沧花岗岩基重力负异常带的边部；老厂矿区主要出露地层为依柳组（C_1y）火山岩及中石炭统至下二叠统碳酸盐岩，它们的电阻率与邻区黑云母花岗岩的电阻率，据汤井田和何继善（1993）老厂 CSAMT 测量数据的反演结果，老厂矿区 700～800m 以下的视电阻率与花岗岩的电阻率接近，这一反演结果，恰好映证了老厂矿区深部有隐伏（中）酸性岩体的推测。

（7）遥感标志。王瑞雪（2008）通过对澜沧地区及澜沧老厂矿床遥感影像的解译分析，获得一系列隐伏中酸岩体存在的遥感标志。

6.1.3　矿床地质特征

澜沧老厂矿床分为原生矿和次生矿两类。原生矿按矿体围岩分为碳酸盐岩型和火山岩型两类。碳酸盐岩型是指产于 C_{2+3}-P_1 碳酸盐岩中的氧化矿、混合矿及硫化矿，火山岩型是指产于 C_1y 火山岩中的硫化矿及混合矿。次生矿为残积、洪积和冲积作用形成砂泥铅矿、古人炼银遗留的高铅炉渣及废矿堆渣。砂泥铅矿是由含矿碳酸盐岩和含矿火山岩强烈风化所形成的残坡积物以及古人采矿的尾矿或细炉渣，经地表水搬运、分选和堆积而成。次生泥铅矿主要分布于老厂断裂断崖下的凹地中，基底为 G_1y 火山岩。次生砂铅矿主要分布于上坪坝和下坪坝岩溶漏斗中，其基底为 C_{2+3}-P_1 碳酸盐岩。古人采矿老硐绝大多数位于 C_{2+3}-P_1 碳酸盐岩中，即绝大多数外生铅矿是由产于 C_{2+3}-P_1 碳酸盐岩中的银铅锌矿石转换来的。

1. 原生矿体的规模形态

澜沧老厂矿床现已揭露 3 个原生矿体群计 135 个原生矿体，其中表内银矿体 72 个。矿体主要分布在 F_1 与 F_3 断层夹持的长 1600 余米、宽 200～400m、深 400 余米范围内。I 号矿体群是产于 C_1^{5+6} 中的似层状、透镜状矿体；II 号矿体群为产于 C_{2+3} 与 C_1^8 之间、F_2 层间断层面上的似层状矿体和 C_1^7 中的似层状、透镜状矿体以及受 F_1 断裂控制的大脉状矿体；III 号矿体群是产于 C_{2+3} 下部灰质白云岩中的似层状、透镜状矿体。上部III号矿体群为银铅锌矿体，中部 II 号矿体群以铅锌矿体及银铅锌矿体为主，出现单硫矿体和伴生铜，下部 I 号矿体群以银铅锌矿体和铅锌矿体为主，单硫矿体和铜矿体明显增多。

上述 3 个原生矿体群中，以 I 号矿体群的 I_{1+2}、I_{27}、I_{28} 号矿体，II 号矿体群的 II_1、II_2、II_4、II_5 和III号矿体群的III_1矿体为主要矿体，其中 I_{1+2} 和II_2矿体规模最大，分别占原生矿银总储量的 30%和 29.3%。

2. 矿石、矿物及结构、构造

澜沧老厂的矿物比较复杂，金属矿物有 30 余种，主要铅矿物有方铅矿、车轮矿、白铅矿、铅铁矾等；锌矿物有铁闪锌矿、异极矿、菱锌矿等；银矿物有自然银、辉银矿、碲银矿等 9 种。此外，还伴生有金、镉、铟、镓等有用矿物。

混合矿、硫化矿矿物结构主要为他形不规则粒状、自形散点状。构造主要有细脉浸染状、致密块状。氧化矿为粒状、晶簇状、柱状、土状、皮壳状。

脉石矿物有方解石、白云石、石英、绢云母、黏土。

3. 围岩蚀变类型

矿床围岩蚀变强烈，类型多而复杂，是很好的找矿标志。主要蚀变有铁锰碳酸盐化、青磐岩化、碳酸盐化、黄铁矿化、硅化、绢云母化、雄黄雌黄化、绿泥石化、钠化、钾化、角岩化、矽卡岩化等。围岩蚀变具多期分带现象，纵向上，从地表至深部的主要蚀变类型为：铁锰碳酸盐化带-青磐岩化、黄铁矿化带-黄铁绢英岩化带-矽卡岩化带-花岗质细脉带、花岗斑岩带。横向上，从东至西可分为：铁锰碳酸盐化带-青磐岩化带-黄铁绢英岩化带。

（1）铁锰碳酸盐化：分布于 C_{2+3} 和 P_1 碳酸盐岩内，沿断裂或裂隙呈细脉状，为浅褐或浅棕褐色，蚀变矿物有菱锰矿、菱铁矿、硬锰矿和方解石等。主要与脉状铅锌矿有关，为古代采银的良好标志。铁锰碳酸盐化是典型的中温热液蚀变（全苏地质研究所，1955）。

（2）青磐岩化：主要见于 $C_1^{7\beta}$ 玄武岩中，为黑绿色、灰绿色，致密块状，由绿帘石、斜黝帘石、绿泥石组成。

（3）黄铁矿化：是本区最普遍的一种围岩蚀变，呈不规则块状、脉状、细脉状、星散状分布于矿体上下盘，或与方铅矿、闪锌矿共生，当黄铁矿化作用很强时可行成黄铁矿体。黄铁矿可沿晚期碳酸盐脉的方解石晶体间的裂隙、方解石晶体的解理纹方向分布，说明黄铁矿化稍晚于晚期碳酸盐化。

（4）碳酸盐化：该类型蚀变遍及矿体的上、下围岩乃至矿体中，可分早、晚两期。早期碳酸盐化，以微粒方解石集合体呈细脉、网脉、团块状产出，表面混浊，呈云雾状，与铅锌矿体的成矿关系极为密切。晚期以白色方解石细脉产出，晶体粗大，表面干净透明，常叠加于青盘岩化蚀变带之上或呈细脉状、网脉状充填交代溶蚀金属硫化物。

（5）硅化、绢英岩化：硅化是与铜铅锌成矿作用关系密切的一种蚀变类型，表现为石英微粒集合体，呈团块、细脉、网脉状分布。硅化往往与早期碳酸盐化或绢云母化叠加在一起，后者即构成绢英岩化。

（6）矽卡岩化：见于矿区深部 C_1^{5+6} 中下部粗面质安山凝灰岩、凝灰角砾岩碳酸盐化强烈部位与碳酸盐岩夹层处，由石榴石、绿帘石、符山石、透辉石、透闪石、阳起石组成。含铜硫化物赋存于矽卡岩中。

6.2　滇西南及周边地区影像–地质特征概述

6.2.1　滇西南及周边地区影像–地质单元的划分

按照板块–地体学说，该区是冈瓦纳古陆与欧亚大陆缝合带的一个组成部分，即保山-

掸邦陆块东缘的昌宁-孟连微板块。又进一步将微板块划分为澜沧-西盟变质地体、昌宁-孟连裂谷系和柯街-南定河汇聚带。以南定河及黑河两条断裂带为界，将昌宁-孟连裂谷系从南至北划分为澜沧裂谷、耿马裂谷和昌宁裂谷。昌宁-孟连微板块西临兰坪-思茅微板块，北西与保山微板块衔接（图6-3）。

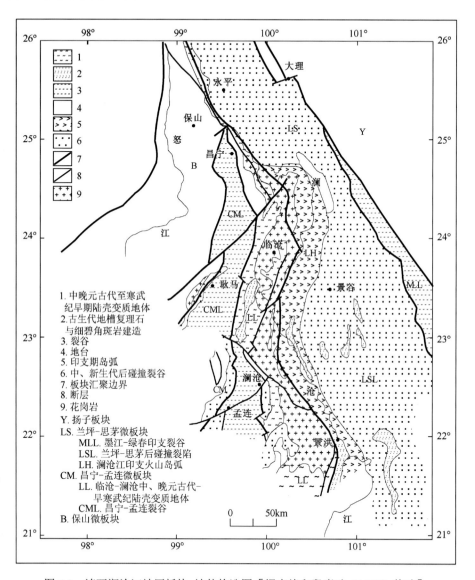

图6-3　滇西澜沧江地区板块-地体构造图［据李峰和段嘉瑞（1999）修改］

　　滇西南及周边地区遥感影像特征与区域大地构造、成矿地质单元有明显的对应性（图6-4）。本书以遥感影像特征为主，结合地质构造、花岗岩的展布情况和地球物理信息，可将研究区自东向西划分为扬子板块、永平-思茅深色弧带、保山-临沧-缅甸景栋浅色弧带、腾冲环块和缅甸链状弧带五个影像-地质单元。

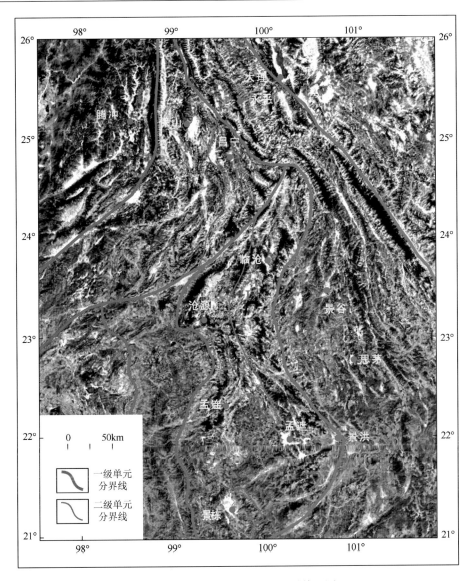

图 6-4 滇西南-缅甸影像-地质单元图

Ⅰ. 保山-临沧-缅甸景栋浅色弧带；Ⅱ. 永平-思茅深色弧带；Ⅲ. 扬子板块；Ⅳ. 腾冲环块；Ⅴ. 缅甸链状弧带；
Ⅰ₁. 保山-昌宁环块；Ⅰ₂. 临沧-景栋弧形带；Ⅰ₁₁. 保山环块；Ⅰ₁₂. 昌宁环块；Ⅰ₂₁. 临沧-勐海弧带；
Ⅰ₂₂. 沧源-孟连-缅甸景栋弧带；Ⅰ₂₃. 打洛古陆变质体环块

（1）扬子板块（Ⅲ）。金沙江-哀牢山断裂以东地区为扬子板块，在研究区内仅出露一部分，不再详述。

（2）永平-思茅深色弧带（Ⅱ）。即澜沧江大断裂与金沙江-哀牢山断裂之间深色调地块，是兰坪-思茅微板块在遥感影像上的显示。澜沧江大断裂总体呈"S"形，SN 向展布，在其东侧的永平-思茅深色弧带内有一系列大体与之平行的线性构造。研究区仅包含其中段，其向北延伸至兰坪一带，向南延伸出境，是一个被深断裂围陷，具有独立的地壳结构和独自的发展演化历史的构造单元，是著名的大型裂陷盆地，沉积了巨厚的中生界地层。兰坪-永平-思茅微板块（兰坪-思茅盆地）整体反射率较低，在影像形成深色弧带，在 TM 图像上呈现为深绿色。弧带内部影纹细密而清晰，梳状、丰字形水系发育，以 NW 向构造为主，由一组呈 NW-SE 向展布的河流、冲沟及同方向的线性色线（带）构成，形成向北收敛，向南撒开的"帚"状条带。显示了该微板块受新特提斯运动影响，即新近纪末，印度板块与欧亚板块碰撞拼贴，使该区发生强烈的褶皱和大规模的逆冲推覆作用。

（3）保山-临沧-缅甸景栋浅色弧带（Ⅰ）。

（4）腾冲环块（Ⅳ）。保山-临沧-缅甸景栋浅色弧带的西北侧即怒江断裂以西地区为腾冲环块，该环块地质上可与腾冲微板块对应，环块内构造总体走向 NE 向转 NNE 向，区内广泛出露华力西期、印支期、燕山期和喜马拉雅期岩浆岩。

（5）缅甸链状弧带（Ⅴ）。缅甸链状弧带位于临沧-缅甸景栋浅色弧带的西南侧。位于研究区西南部缅甸境内，仅局部在我国境内。其北部以南定河断裂为界，东部与保山-临沧-缅甸景栋浅色弧带相邻。该弧带由数个环形构造呈链状排列组成，内部影纹图案细腻均匀，色调中等，在图上显示为鲜艳的绿色，在中国境内主要出露加里东构造层。

6.2.2 保山-临沧-缅甸景栋浅色弧带

在研究区的遥感影像上，保山-临沧-缅甸景栋浅色弧带以异常的影纹结构及色调色彩凸现于区域背景。该带整体反射率很高，在影像上以浅色调为主，内部影纹图案模糊，为团块状或粗大的条带状。该弧带东侧以澜沧江断裂为边界，与兰坪-思茅深色弧带对比鲜明；西侧边界较为复杂，北段以怒江断裂与腾冲地块分开，南段以弧形色调分界面为边界，形态复杂，且多在缅甸境内。整个弧带与澜沧江大断裂同步弯曲，呈现为似"S"形弯曲的宽大弧带，其南北长约 600km（其中我国境内 450km），东西宽度变化较大，最宽处保山-镇康段宽 200km，最窄处老厂-芒登高仅宽 60km。该弧带内部发育有与澜沧江大断裂大致平行的线性构造，但发育较差。弧带内环形构造发育，规模大但环体边界较为模糊，常发育向心状水系花纹。该弧带涵盖了保山微板块、昌宁-孟连微板块及其南延入缅甸部分以及兰坪-思茅微板块的澜沧江碰撞汇聚带。

该弧带由于裂谷活动及板块碰撞的影响，岩浆活动和热变质作用强烈。该经历了四次大的地质事件：第一次是华力西早期地壳处于引张状态而形成 SN 向的陆内裂谷，发育有一套从北向南渐厚的中基性火山岩系，而在裂谷系东侧澜沧-西盟变质地体内，沿临沧一勐海一线伴随裂谷华力西期裂谷关闭，发生大规模的花岗质岩浆侵入活动；第二次是在印支期再伴随澜沧江汇聚带的强烈碰撞，再次发生花岗质侵入及变质作用；第三次是燕山运动使该区发生强裂挤压，剪切构造作用，并有燕山-喜马拉雅期中酸性、基性和超基性岩浆侵入；第四次是喜马拉雅早期印度板块与欧亚板块碰撞拼贴，该区遭受挤压而形成最新的 NW 向和 NE 向的断层，再度引起花岗岩质岩浆活动，中酸性小岩体侵入。

强烈的酸性岩浆活动是该弧带的重要特征，花岗岩类出露面积约占该区总面积的三分之一。大规模、多期次的热事件，又使该区的岩石普遍发生热褪色化现象，形成影像上反射率极高的浅色调弧带。在弧带内，环形构造发育，沿着弧带的展布方向形成链状环群，特别是东侧的链状环群与临沧花岗岩基对应，可能反映了该区热点位移的信息。图 6-5 为临沧-缅甸景栋弧带 SN 走向弧形线-环构造纲要图。

保山-临沧-缅甸景栋浅色弧带被 NEE-NE 向的南定河线性构造（断裂）分为南北两部分，北部为多边形保山-昌宁环块，南部为临沧-缅甸景栋弧带。

1. 保山-昌宁环块（I₁）

保山-昌宁环块是由怒江断裂、南定河断裂及澜沧江断裂围限的三角形地块，该环块以柯街断裂为界分为保山环块与昌宁环块，可分别与地质资料上保山地块及昌宁裂谷对应。保山块体内发育 NE 轴向的潞西椭圆形环形构造（Rl，简称潞西环）及保山等轴状环形构造（Rb，简称保山环）（图 6-5）。昌宁环块显示为与潞西环和保山环同步弯曲、协调的"帚"状弧形带，呈环-环相切关系。

昌宁-孟连微板块于澄江运动至造加里东运动形成陆壳基底（澜沧群、西盟群），该基底与保山、腾冲等微板块相似，同属冈瓦纳古陆边缘，可能是相连或相距不远的地块，可以视为同一板块。自古生代起，两板块分开，形成不同的构造、沉积和岩浆活动体系。印支运动时期，二者又聚汇拼贴到一起。

就构造形态而言，该区为一复背斜构造，且区内酸性岩浆活动发育，沿隆起构造核部有自加里东期、燕山期和喜马拉雅期等各时代花岗岩侵入，花岗岩浆活动历时较长，具有多旋回活动特点，从早期到晚期具有连续演化的特征，并组成环形复式岩群（施琳等，1989）。因此在遥感影像上该区构造以环形构造为主。

2. 临沧-缅甸景栋弧带（I₂）

临沧-缅甸景栋弧带夹于缅甸链状弧带与兰坪-思茅深色弧带之间，与两侧地区的深色调、清晰细碎的内部影纹迥然不同。东侧以澜沧江断裂为边界，界线清晰，西侧以沧源-孟连-缅甸景栋弧形色调分界面为界，分界面受 NE 向和 NW 向线性构造带影响，形态复杂。

临沧-缅甸景栋弧带是昌宁-孟连微板块南段在遥感影像上的缩影，是研究区内的早期构造，具有张性和压性构造的双重特点。因早期微板块 SN 向的构造系被后期 NE 向和 NW 向线性构造带切断、错开，发生弯曲变形，与沉积地层、火山岩等共同组成了总体上呈 SN 走向弧形线-环构造系，在卫星图象上以其强烈的色调异常线、色调异常界面及弧线状的大型河谷、直线状的陡崖和线状排列的山垭口等负地形表现出来。整个临沧-缅甸景栋弧带内晚元古代变质岩系、古生代地层、中生代地层的褶皱、断裂以及岩浆岩等都具有和谐一致的特点。

该区地球物理资料为重力低区域，主要因广泛分布的低密度花岗质岩石引起。弧带内分布有澜沧江岩带、临沧-勐海岩带、耿马-西盟岩带三个花岗岩带（施琳等，1989）。其中著名的临沧花岗岩基呈 SN 向纵贯于本区，出露总面积达 8000km²。

以云县-耿马-孟遮弧形线性构造带（南段为耿马-木戛-孟遮线性构造带，北段为云县-木戛弧形线性构造带，两带在木戛附近相交切）为界，临沧-缅甸景栋弧带可划分为三个

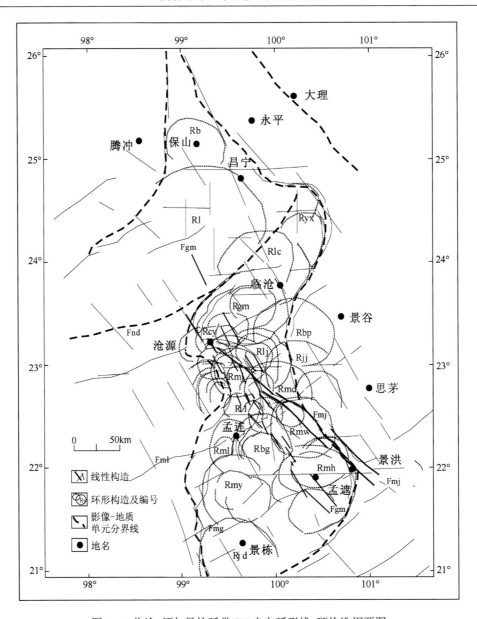

图 6-5　临沧-缅甸景栋弧带 SN 走向弧形线-环构造纲要图

Fgm. 耿马-木戛-孟遮线性构造带；Fmj. 木戛-景洪线性构造带；Fnd. 南定河线性构造带；Fml. 孟连-澜沧-雅口线性构造带；
Fmg. 打洛-曼各-景洪线性构造带；Ryx. 云县环；Rlc. 临沧环；Rsj. 双江环；Rbp. 半坡环；Rlj. 老街环；Rjj. 旧家环；
Rmd. 芒登高环；Rmw. 勐往环；Rmh. 勐海环；Rgm. 耿马环；Rcy. 沧源环群；Rmj. 木戛环；Rll. 老厂-澜沧环群；
Rml. 孟连环；Rbg. 班估环；Rmy. 缅甸孟洋环；Rjd. 缅甸景栋环

次级影像-地质单元，即东侧的临沧-景洪弧带、西侧的沧源-孟连-缅甸景栋弧带以及南端的打洛古陆变质体环块。耿马-木戛-孟遮线性构造带和云县-木戛弧形线性构造带组成的弧形分界线为昌宁-孟连裂谷的东部边缘在遥感影像上的显示，陈炳蔚等（1991）认为是澜沧江双断裂带西带的显示，从该分界线向两侧，地层有逐渐变新的趋势。而澜沧老厂矿床正位于耿马-木戛-孟遮线性构造带的中部，该线性构造带是研究区内重要的构造。

（1）临沧-景洪弧带（Ⅰ$_{21}$）：耿马-木戛-孟遮线性构造带和云县-木戛弧形线性构造带以东至澜沧江断裂为临沧-景洪弧带。该弧带与澜沧江断裂同步弯曲，带宽60～70km，弧带延伸约300km。弧带整体色调浅，次级环形构造发育，环形构造内部常具有向心状水系花纹图案。次级环形构造呈环带状排列，与澜沧江大断裂构成 SN 向弧形线-环结构。弧内分布的地层主要是澜沧江中元古-古生代的变质岩系的南段以及发育在其中的临沧花岗岩基。

（2）沧源-孟连-缅甸景栋弧带（Ⅰ$_{22}$）：该带色调较临沧-勐海带更浅，弧带内部色调均匀但影纹模糊，西部边界由一系列曲率相同、大体平行的弧形细带共同组成。该带内次级环形构造发育，一系列的环形构造呈链状排列组合而成。这些次级环形构造与 NW 向和 NEE-NE 向线性构造带关系密切，形成格状线-环切接结构，二者相互依存、相互制约。沧源-孟连-缅甸景栋弧带是耿马裂谷和澜沧裂谷及其南延部分在影像上的显示。

地质资料显示，在缅甸，相当于昌宁-孟连地区的依柳组火山岩已延伸至勐彭，再向南相当于泥盆系、下石炭统火山岩和中上石炭统灰岩已延伸至景栋以西，后继续南下至孟萨、孟议。向南延伸至泰国境内则相当于清迈带（段锦荪，2000）。

（3）打洛古陆变质体环块（Ⅰ$_{23}$）：以上两个浅色调弧带在南端分开，二者之间夹有一个色调中等环块，其内部影纹图案细腻均匀，在图上显示为鲜艳的绿色。环块为临沧-澜沧中晚古生代—早寒武纪陆壳变质地体的南段在影像上的反映。

6.3　澜沧老厂矿田影像线-环结构

澜沧老厂矿田产于区域性北北西向耿马-木戛-孟遮密集的断褶带内（影像上显示为浅色调的异常宽带及密集的线性构造带叠加），这一构造带控制了临沧花岗岩基 SW 边界，是该区长期活动的基底构造和澜沧老厂矿床成矿遥感地质背景。该带北端与 NNW 向木戛断裂交切（图 6-6），交切带以南哈卜马—老厂—老芒东—牡音一带色彩加深，形成色调异常区。澜沧老厂矿田位于异常区的中部，老厂环-环横叠式结构以其特殊的色调及影纹图案清晰凸显（图 6-7～图 6-10）。该结构总体色调较浅，内部为粗糙的花生壳状影纹；其两侧地区色调深，东侧发育细密的树枝状水系影纹，西侧呈粗大的条块状图案。横叠式结构由 SN 轴向的南本-老芒东椭圆形复式环形构造、EW 轴向透镜体系列、色调异常带和线性构造带等要素组成。将澜沧老厂矿田地质简图（图 6-11）与影像图对比，影像图较好地反映了该区地质地貌情况，矿田影像线-环结构与地面地质信息具有同位性，环形构造与地球化学异常同位。该区 1∶20 万区测化探资料显示（图 6-12），在南本—老芒东一带，以澜沧老厂矿床为中心，从内向外有 Sn-Pb-Zn-Cu 的环状化探异常分布，其中 Zn、Cu 异常分布范围与南本-老芒东环形构造基本吻合，呈 SN 轴向的梨形，北部收敛而南部膨大，在东邦透镜体一带最宽；Sn 异常呈 EW 轴向的椭圆形，分布于南老环内环与东邦透镜交叠部位；Pb 异常形态复杂，其主体部分在鲁里-邦婆一带，呈 EW 向展布，东部与东邦透镜体范围接近。

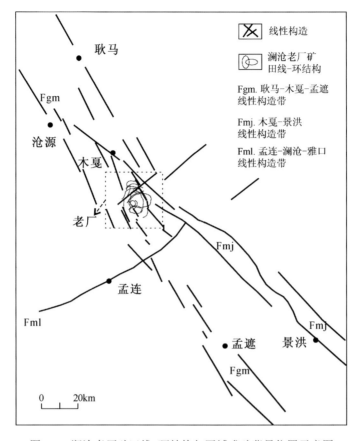

图 6-6　澜沧老厂矿田线-环结构与区域成矿背景位置示意图

图 6-7　澜沧老厂矿区三维立体遥感影像

图 6-8 老厂矿田遥感 TM732 遥感影像

6.3.1 南老环与华力西期火山洼地

南本-老芒东椭圆形复式环形构造（以下简称南老环）是以澜沧老厂矿床为中心，北至茨竹河，南至竹塘以南，东至竹塘，西到东务，南北轴长约 24km，东西轴长约 15km 的椭圆形复式环形构造。南老环由内环体与外环层组成：内环闭合，南北轴长约 14km，东西轴长约 9km；外环层受内、外两层弧形断裂带的控制。其外环的东部以大塘子-竹塘弧形断裂及色调异常弧带为环缘，清晰而完整。从三维立体遥感影像上可以看出（图 6-7），色调异常带其实是由两条弧形线性构造带控制的一系列瘤突状丘陵，植被覆盖率低；西部与区域沧源-孟连 SN 向弧形带老厂段共用部分边界，即以考底-里拉弧形断裂为边界；北段收敛以弧形河流为边界，南部撒开，被后期与 NW 向木戛断裂伴生的次级线性构造叠加；东部以阿底六科-札嘎寨弧形断裂和地层界线为界，南、北和西部以高峻的弧形山脊线为边界；西部中段向外突出，呈"元宝"形，其环核为直径 3.2km 的大铁帽环形构造，澜沧老厂矿床位于环体的北部。南老环范围内主要出露呈 SN 向展布的下石炭统依柳组火山岩，火山岩上覆中、上石炭统至下二叠统灰岩以及由泥盆系碎屑岩组成的推覆体，推覆体下伏的火山岩地层向西延伸到考底，向南到老芒东一带。环体的西侧从西向东依次为南段组黑云母变质岩带、侏罗系花开位组和侏罗系碎屑岩，北侧、东侧为 NW 走向的南段组绿纤石变质岩带（原岩为下石炭统）和澜沧群惠民组青铝闪石变质带，环体的南部为由下石炭系南段群至侏罗系地层组成的密集断褶带。

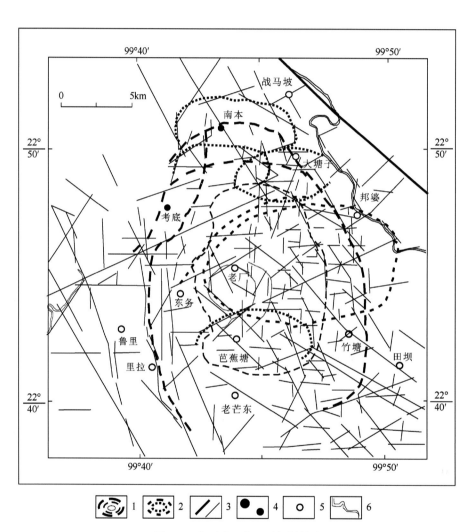

图 6-9 老厂矿田线-环构造简图

1. SN 轴向环形构造；2. EW 轴向透镜体；3. 线性构造；4. 矿床（矿点）；5. 居民点；6. 河流

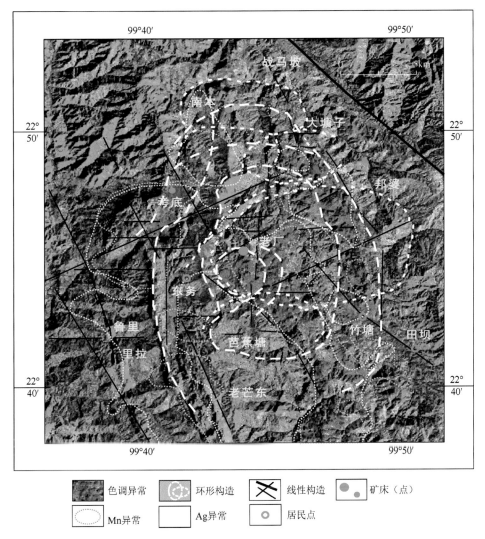

	色调异常		环形构造		线性构造		矿床（点）
	Mn异常		Ag异常		居民点		

图 6-10　澜沧老厂矿田环形构造及色调异常带（TM7-4-3/1 遥感影像）[Mn、Ag 化探资料据西南有色地质勘查局（2000）]

　　老厂地区是华力西期 SN 向裂隙式喷发带上的中心式喷发集中区之一，而南老环的范围与该区出露的下石炭统依柳组火山岩的范围基本吻合。同该区基底结构相比对可见，南老环的范围与属基底结构的老厂火山洼地基本一致。因此，认为南老环即为火山洼地在影像上的反映，其外环层可能是火山洼地周边的环状断裂带及受其控制的古火山口在影像上的综合显示。

　　南老环代表了塌陷和破坏后的火山洼地，在该火山洼地的周边及中央应该有许多火山喷发口，但该区经历了后期强烈的地质作用的改造，古火山机构无论在地面还是在遥感影像上都已难以辨认，众多地质工作者在所谓的雄东沟火山口到底是不是火山口的问题上争论不休。本书利用遥感影像，对南老环体内部及边缘的次级环形构造进行厘定分析，认为该区经历了多期次的构造-岩浆活动，并且古火山口往往成为后期岩浆上侵的良好通道，故火山机构与后期岩体常常具有同位性，所形成的环形构造具有继承性特点。

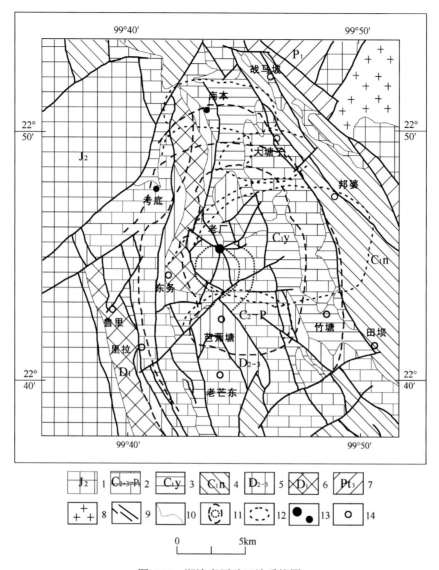

图 6-11　澜沧老厂矿田地质简图

1. 中侏罗统；2. 中上石炭统—下二叠统；3. 下石炭统依柳组；4. 下石炭统南段组；5. 中、上泥盆统；6. 下泥盆统；
7. 新元古界澜沧群；8. 临沧花岗岩基；9. 断裂；10. 地层界线；11. SN 轴向环形构造；12. EW 轴向透镜体；13. 矿床（点）；
14. 居民点

6.3.2　东西轴向透镜状系列与隐伏岩体

该系列由数个叠加于南老环之上、影像特征相似、规模不等的 EW 轴向透镜体组成，从南向北依次为南本透镜体、大塘子透镜体、东邦（东务-邦婆）透镜体和芭蕉塘透镜体。其中东邦透镜体规模最大，与南老环的内环规模相近，东西轴长约 14km，南北轴长约 7.5km，是该系列的主体和代表。东邦透镜体位于西起老厂以西，东至黑河，北起毕科，南至竹塘的范围，其西部以考底一带的弧形断裂为边界，东部以在此绕道而行的黑河河谷为边界，边界清晰。北部边界为断续的弧形沟谷，南部边界为弧形沟谷、山脊和影纹细带，

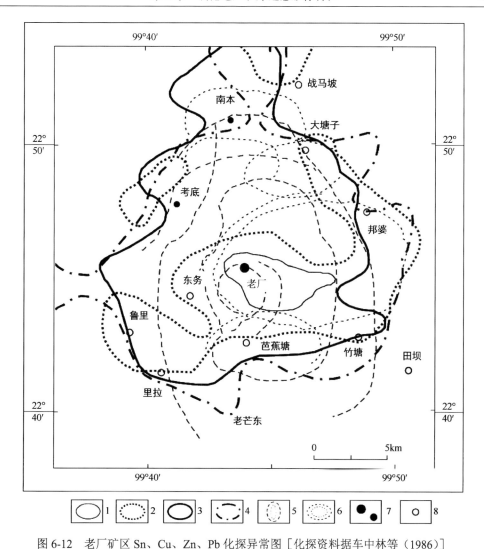

图 6-12　老厂矿区 Sn、Cu、Zn、Pb 化探异常图［化探资料据车中林等（1986）］

1. Sn 异常；2. Pb 异常；3. Cu 异常；4. Zn 异常；5. 南北轴向环形构造；6. 东西轴向透镜体；7. 矿床（点）；8. 居民点

北部清晰而南部较模糊。东邦透镜体内，南部发育模糊的次级 EW 向透镜体，EW 向线性构造也较其他地段发育，一些河谷、山脊呈 EW 走向。

东邦透镜体西部与南老环叠加，叠加地段不仅色调异常，次级环形构造、线性构造和水系也较周围发育（图 6-13）。EW 向透镜体系列与区域 SN 向弧形线-环构造体系不相协调，与 SN 向的南老环是不同地质事件形成的产物。东邦透镜体横跨了从二叠系至下石炭统南段群地层，影像特征不受地层的影响。其西部对应于老厂矿区火山岩膨大变宽部位，使南老环内环西部向外突出呈"元宝"形，地貌上形成高峻的弧形山脊，并伴有弧形断裂带，断裂带西侧的泥盆系推覆体地层界线也发生同步弯曲。老厂推覆体构造形成于澜沧裂谷封闭期 EW 向强烈挤压的构造环境，其形成时代为印支运动期，东邦透镜体的形成明显晚于推覆体，其时代应为燕山-喜马拉雅期。

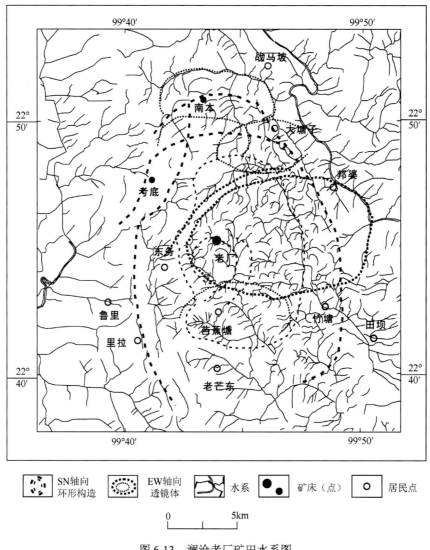

图 6-13　澜沧老厂矿田水系图

　　澜沧老厂矿床地表虽然没有侵入岩体出露，但近年来地质工作者已发现越来越多隐伏岩体存在的标志，认为老厂矿床的形成与隐伏花岗斑岩有成因联系（王瑞雪等，2007a；欧阳成甫，1994；袁奎荣，1990）。老厂地区存在与成矿关系密切的燕山-喜马拉雅期隐伏中酸性岩体的观点已逐渐得到认可，但对于隐伏岩体的具体位置与规模却少有论述。东邦透镜体即为燕山-喜马拉雅期隐伏岩体上侵及成矿热液上涌形成的环形构造，指示了岩体的可能位置与规模。东邦透镜体内部及两侧的次级透镜体是一些小岩体及岩株在影像上的显示。隐伏岩体上侵使西部山脊线弯曲，东部河流绕道而流。透镜体北部边界清晰，南部边界相对模糊，显示隐伏岩体在北部扬起，埋深浅，在南部倾伏，埋深大的特点。这已得到了钻孔资料的验证：已有 7 个钻孔揭露到花岗斑岩体（李峰等，2009），花岗斑岩脉出现的标高大致为 900～1530m，148 线揭露的主岩体标高在 630m 以下，岩脉（体）最高侵入层位为 C_1^{5+6} 中部。隐伏花岗斑岩体的埋深有南低北高的趋势，顶面标高大致应为 700～800m，并在深部发现隐伏的大型铜钼矿床。

6.4　澜沧老厂矿床矿化蚀变信息的图像增强处理

近矿热液蚀变是内生金属矿床普遍存在的现象。大范围的蚀变常常与大矿床及富矿石的生成互为隶属，是矿床存在的重要的直接标志。蚀变岩与周围的正常岩石在化学成分、物理性质、水系类型、微地貌、植被覆盖和矿物种类、结构、颜色等方面均存在差异，这些差异导致了岩石辐射光谱特征的差异，并且在某些特定的波段形成特定蚀变岩石的光谱异常，在多波段遥感影像上表现为不同的色彩、色调和纹理的差异，为用遥感影像提取异常信息提供了理论依据。

在各种方案的彩色合成图像上，澜沧老厂矿床都出现了大面积的色调异常带，并且受到矿田构造控制。如在 ETM571 图像上异常显示为明亮的绿色，周边背景为暗淡的咖啡色-深咖啡色；在 ETM542 图像上异常显示为深紫红色，周边背景为粉红色-绿色；在 ASTER321 合成图像上这些色调异常带呈现为暗绿色条带，在 ASTER941-IHS 变换增强图像上异常显示为黄褐色-浅粉色色斑；在 ETM7-4-3/1 合成图像上色调异常带被进一步区分为粉色的条带与叠加于其上的鲜红色色斑（图 6-10）；在主成分反变换图像 ETM732 上，这些色调异常更为清晰，呈现为橘黄色。但相对于矿床的实际规模，这些色调异常区带仍显范围较大。需要进一步对图像进行增强处理，使色调异常内部能更清晰地显示差异，突出高异常区和一般异常区，为地面勘查工作进一步缩小范围。

6.4.1　图像增强处理方法设计

围岩蚀变是热液矿床成矿作用的重要标志之一，国内外学者基于蚀变岩（带）中所含离子或基团诊断其波谱特征，以 ETM$^+$/TM、ASTER 等多光谱遥感数据和高光谱遥感数据，开展了多种蚀变信息提取方法研究，如比值、主成分分析、波谱夹角等，并取得了成功。由于 ASTER 数据在短波红外波段波谱分辨较高，已成为唯一可以与 ETM$^+$/TM 相媲美的新型遥感数据。现有关于 ASTER 数据蚀变遥感异常提取的研究也取得了很多成果，但最为成熟的方法仍是参照 ETM$^+$/TM 数据波段特征，仍以 Fe 和 OH$^-$ 信息提取研究为主。

图像比值组合是一种十分有用的蚀变信息增强处理方法，早在 20 世纪 70 年代，国外就已经开始运用比值处理方法提取矿化蚀变信息，如 Rowan 等（1977）采用 MSS4/5、MSS5/6、MSS5/7 比值图像的彩色合成图对含次生黏土，氧化硅和褐铁矿的蚀变矿区进行了识别填图。以若干比值图像作为分量进行彩色合成，在图像上常能有效地增强岩石波谱信息差异。但由于蚀变岩受其自身反射和辐射强度以及环境条件影响，常规增强蚀变信息的比值因子（如 TM3/TM1 增强铁化信息，TM5/TM7 增强泥化信息）并非在所有地区都有效。换言之，对于不同的地区，由于蚀变岩石及"背景"地物的光谱特征存在差异，在提取矿化蚀变信息时，需要根据岩石（矿物）的光谱特征分析来调整比值因子或波段组合；另外，同地区的蚀变岩石与"背景"地物在光谱空间的"聚类结构"特征也不同，所以矿化蚀变信息提取的方法及遥感信息模型的建立也不存在固定的模式（吴德文，2006）。在实际工作中，需对研究区内岩石光谱数据进行分析，研究和揭示研究区蚀变岩的光谱个性特征，建立遥感矿化蚀变信息提取模型。

　　本书首先尝试了意在强化突出铁化和泥化现象的 ETM/TM5/7-5/4-3/1 和 ETM/TM5/7-3/1-4/3 方案以及利用 ASTER 图像主成分变换等方案，效果并不理想。在分析澜沧老厂矿床的主要蚀变矿物岩石组合特征及光谱特征后，根据褐铁矿、黄铁矿在 TM3、TM5、TM7 波段为较高反射率，在 TM1、TM4 波段反射率相对偏低，而菱锰矿等含锰矿物在 TM7 波段反射率极高（图 6-14）。故将 TM3 与 TM1 波段、TM5 与 TM4 波段做比值处理并与 TM7 波段合成，增强蚀变矿物的信息。

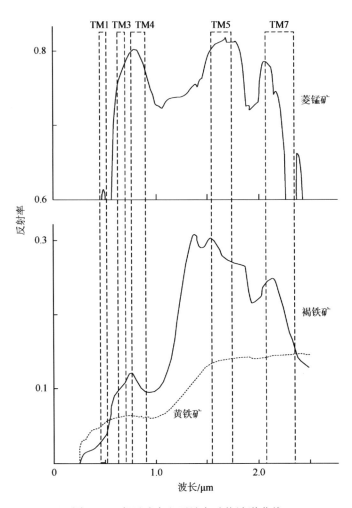

图 6-14　老厂矿床主要蚀变矿物波谱曲线

在澜沧老厂矿床雄狮山-大铁帽矿段的 ETM/TM7-5/4-3/1 遥感影像上,蚀变信息异常带内部色彩丰富,层次清晰,呈近环带状展布,从外向内依次为浅粉色带→深绿色、橘黄色带→黄绿色、黄色斑块,最内部的黄绿色-黄色异常称为高异常斑块(图6-15、图6-16)。最大面积的高异常斑块出现在澜沧老厂矿床及其外围。燕子洞矿段由于陡峻地形的影响,在各波段上反射率都很低,对图像处理效果反映不明显。大铁帽、前进硐和莲花山矿段均落入高异常斑块区内,其中又以大铁帽-前进硐一带的黄绿-黄色斑块面积最大。

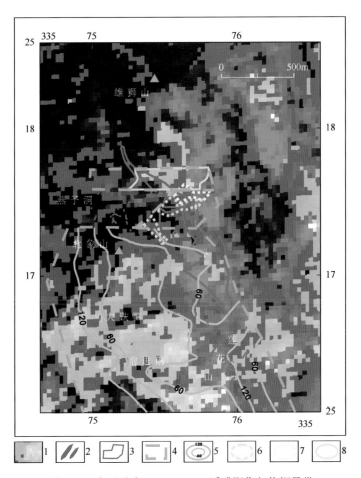

图 6-15　老厂矿床 TM7-5/4-3/1 遥感影像与物探异常

1. 高异常斑块;2. 矿体;3. 钻探证实的矿体水平投影;4. 物探工作区;5. TEM 低阻异常;6. 正磁异常;
7. 负磁异常;8. 激电异常

6.4.2　色调异常产生的原因

经过与地质、化探等资料对比分析,色调异常与围岩蚀变、地球化学异常以及第四纪风化壳、铁帽具有同位性,或者说此即为色调异常形成的原因,其中以含有较高锰、铁元素的围岩蚀变和地球化探异常范围最广,第四纪含锰银红土型风化壳和铁帽分布范围有限,并且这二者是围岩蚀变出露地面后的氧化产物。

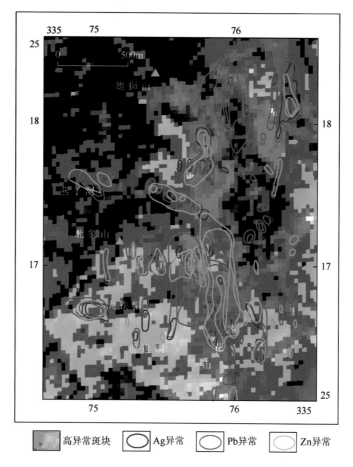

图 6-16　老厂矿床 TM7-5/4-3/1 遥感影像与化探异常

1. 铁帽

在老厂矿区原生硫化矿风化后形成铁帽及土状、粉末状铅锌氧化物，是最直接的找矿标志之一。已知的铁帽如下：

（1）象山区：在南、北象山之间，铁帽随处可见，铁帽中氧化锌含量高达 30～40%；在 F_{11} 断层东侧的大铁帽，含 Pb 5.26%、Zn 0.85%、Ag 20.9g/t；在 F_{11} 断层西侧有两大片铁帽。

（2）莲花山区：莲花山西南坡有铁帽露头一处，含 Cu 0.21%、Pb 5.73%、Zn 0.31%、Ag 102.8g/t、Sn 0.158%、As 0.963%，其中 Pb + Zn 和 Ag 均达到工业品位要求，Cu、Sn 已达边界品位要求。

（3）睡狮山区：地表有残积铁帽，含 Sn 最高达 0.256%、Cu 0.24%、Pb 3.35%、Zn 0.70%、Ag 171.5g/t、Au 1.75g/t，铁帽含 Sn 高可能指示深部存在隐伏中酸性岩体。

选取澜沧老厂矿床大铁帽、莲花山和雄狮山为检验点，与地质、化探、物探等资料对比分析，发现浅粉色带主要为沿河谷地带发育的第四系沉积物；大铁帽-前进硐高异常斑块对应的地区地表铁帽随处可见，并且具有较高的物探异常、化探异常和较大面积的铁锰碳酸盐化（图 6-15～图 6-17）。

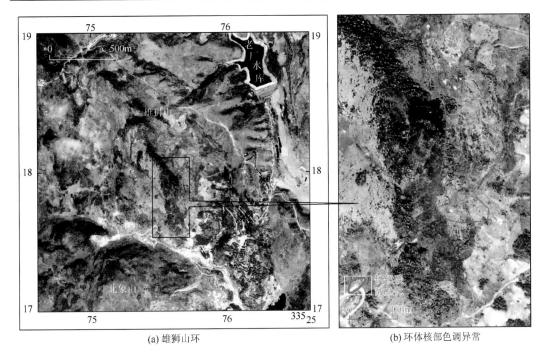

(a) 雄狮山环　　　　　　　　　　　　　　(b) 环体核部色调异常

图 6-17　老厂矿床雄狮山环形构造 Quickbird321 遥感影像

2. 含锰银红土风化壳

老厂矿区第四系发育，以残坡积红壤为主，次为冲积物。老厂第四系含银红土风化壳主要分布在地形相对平缓的山脊及地形较平缓的山坡或峰丛洼地中，以富含铁锰结核为特征，平均含量一般 10%，局部夹少量铁锰团块，总厚度可达 10 米以上，成矿物质主要来源于 C_{2+3}-P_1 碳酸盐岩。在老厂已圈出 2 个红土型银锰共生矿体和 4 个红土型锰矿体（西南有色地质勘查局，2000）。

3. 化探异常

该区 1:20 万区测化探资料与色调异常带对比，在战马坡—南本—田坝一带，以老厂矿区为中心，从内向外有 Sn-Pb-Zn-Cu 的 SN 轴向的环状化探异常分布，与老厂环-环横叠式结构同位（王瑞雪等，2007b），而区域 Mn、Ag 异常与色调异常带的范围一致（图 6-18）。

4. 围岩蚀变

澜沧老厂矿床围岩蚀变强烈，从地表到深部有铁锰碳酸盐化→青磐岩化、黄铁矿化带→黄铁绢英岩化带→矽卡岩化带→花岗质细脉带、花岗斑岩带。已知矿体的围岩蚀变都比较强烈，分布范围比矿体大，与矿化关系密切，是重要的找矿标志之一。其中铁锰碳酸盐化是近矿围岩蚀变，分布于 C_{2+3}、P_1 碳酸盐岩内，沿断裂、裂隙呈深咖啡色细脉状、云雾状、网脉状产出，在灰岩浅色风化面上呈黑色虎斑状分布（薛步高，1998），蚀变矿物有白云石、菱铁矿（褐铁矿）、菱锰矿（氧化锰），是古人采银的良好标志。蚀变使围岩岩石结构构造和颜色、物理机械性质发生变化，蚀变矿物相对富集，与未蚀变岩石相比产生波谱和色调、色彩异常，

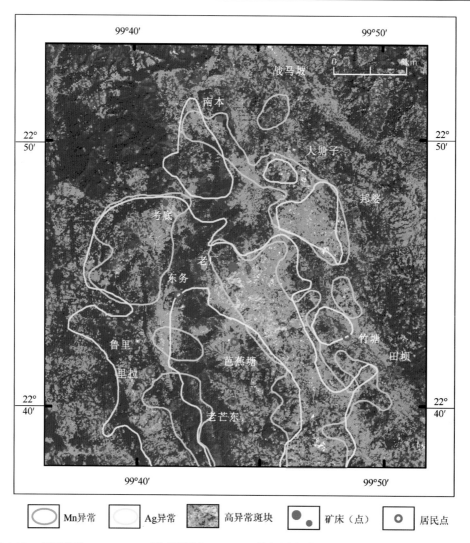

图 6-18　老厂矿田 TM7-5/4-3/1 遥感影像与 Mn、Ag 化探异常［Mn、Ag 化探资料据西南地质勘查局（2000）］

区别于背景区域。氧化带（矿床）中大量发育着由铁菱锰矿所形成的锰氧化物与褐铁矿，指示矿体在地表的露头。铁锰碳酸盐化在寻找中温多金属矿床时可起着主要作用（全苏地质研究所，1955）。选取雄狮山高异常斑块检验，在地表可见铁锰碳酸盐化（图 6-17），其南部已有大量钻探资料证实深部有银铅锌铜隐伏矿体存在。在高分辨率 QuickBird321 遥感影像（近似于地面真实色彩的彩色合成方案）上这些地区都显示为由地表铁帽呈现的铁锈色-褐色彩色异常。

　　因此可以肯定黄绿色、黄色斑块是地表铁锰碳酸盐化（或铁帽、红土型风化壳）引起的矿化光谱信息异常在遥感影像上的显示，故将黄绿色、黄色斑块称为高异常斑块，可作为澜沧地区寻找老厂式铅锌铜多金属矿床的遥感找矿标志之一。

　　在澜沧老厂矿田范围内，色调异常斑块与已知矿床（点）、化探异常也显示了高度的同位性。矿田内高异常斑块分布范围与 Mn、Ag 化探异常区域吻合（图 6-18）。除老厂矿床外，已知南本、考底矿点在 TM7-5/4-3/1 影像上显示为高异常斑块。另外，云山大寨、三岔河等处多金属矿床开始投入开采，在竹塘白牛山等地也相继发现工业矿体；在南老环外环层的色调异常弧带内，在大塘子和玉保寨等多处发现金属硫化物形成的铁帽（李雷和赵斌，1989；李雷和段嘉端，1996）。此外，在老厂矿区外围的文东异常区的红毛岭矿 5 号锡锡矿体的围岩——黑云二长花岗岩内已发现有"铁锰质网脉状发育"，5 号锡矿体也是红毛岭矿点种品位最高的矿体。作为近矿围岩蚀变的铁锰质网脉也已成为该区的找矿标志之一。

6.4.3　色调异常带展布特征

澜沧老厂矿田色调异常带的展布受到以下构造控制。

（1）NNW 向线性构造带。

（2）EW 轴向透镜体系列，形成南老环环体内、外环缘的弧形线性构造带，其所夹持地段形成南老环的外环层。外环带在南、北和东部完整而清晰，在西部受后期 EW 轴向东邦透镜体叠加，显得较为模糊。

（3）NE 向线性构造带为后期构造，具右行特征，常常将色调异常带向左错移，甚至使异常带拓宽。

色调异常带分为三个亚带：①大塘子-竹塘北 NW 弧形异常带，即南老环外环层与东邦透镜体、大塘子透镜体的叠加部位，受南老环内外两条弧形断裂带的控制；②老厂-芭蕉塘（东）-拉巴 NNW 向异常带，南老环与东邦透镜体、芭蕉塘透镜体横向叠加，在它们的交叠部位又被 NNW 向南本-芭蕉塘线性构造带穿切，二者交叠部位即为色调异常带发育地段；③东务-老厂-邦婆（西）NE 向异常带，南老环与东邦透镜体横向叠加，在它们的交叠部位又被 NE 向线性构造带穿切，三者交叠部位即为色调异常带发育地段。

后两条异常带在老厂一带相交叠，澜沧老厂矿床位于交叠区域的中心。

6.5　老厂环-环横叠式结构及多地学线、环构造同位性

SN 轴向的南老环与 EW 轴向的东邦透镜体系列相叠加，形成了轴向垂直的环-环横叠式结构。根据矿床遥感地质理论，不同方向的环形构造相互叠加，反映了多期次、不同应力方向的成矿活动的叠加，是成矿的最佳地段。老厂环-环横叠式结构反映了老厂华力西期火山岩与晚期的中酸性侵入体受同一深构造控制，在空间上大致是同位的，其生成具有继承性特点。

6.5.1　多源地学信息同位一体

老厂环-环横叠式结构具有遥感、地质、物探和化探多源地学信息同位一体的特征。

（1）岩浆岩单元与环形构造同位。即南老环和东邦透镜体系列分别是老厂华力西期火山洼地和燕山-喜马拉雅期隐伏中酸性岩体在影像上的显示。在澜沧裂谷内，晚期中酸性

侵入体与早期的火山岩有近似的稀土配分模式，有一定的继承性与延续性，是由同源岩浆分异而成。老厂环–环横叠式结构反映了早期的火山岩与晚期的中酸性侵入体受同一深构造控制，在空间上大致是同位的。古火山口往往成为后期岩浆上侵的良好通道，所形成的环形构造具有继承性特点。

（2）环形构造与地球化学异常同位。该区 1∶20 万区测化探资料显示（图 6-12、图 6-18），在南本—老芒东一带，以澜沧老厂矿床为中心，从内向外有 Sn-Pb-Zn-Cu 的环状化探异常分布，其中 Zn、Cu 异常分布范围与南老环基本吻合，呈 SN 轴向的梨形，北部收敛而南部膨大，在东邦透镜体一带最宽；Sn 异常呈 EW 轴向的椭圆形，分布于南老环内环与东邦透镜体交叠部位；Pb 异常形态复杂，其主体部分在鲁里—邦婆一带，呈 EW 向展布，东部与东邦透镜体范围接近。而在澜沧老厂矿床附近，化探原生晕的趋势结果显示 Pb、Zn、Ag 等元素的趋势值等值线均呈 EW 轴向的椭圆形（欧阳成甫，1994）。

（3）在矿床尺度色调异常斑块与地球化学、地球物理异常具有同位性。已知老厂大型矿床及南本、考底矿点在 TM7-5/4-3/1 影像上显示为高异常斑块。高异常斑块分布范围与 Mn、Ag 化探异常区域吻合。澜沧老厂矿床、老厂水库以南至新炸药库一带已开展大比例尺矿床化探工作，燕子洞至新炸药库一带已进行过物探工作。从图 6-15～图 6-17 可以看出，这些物探、化探资料与大铁帽环和雄狮山环具有明显的同位性，雄狮山、大铁帽等地区的色调高异常斑块，不仅与地表的铁锰碳酸盐化（铁帽）有较好的对应关系，还具有较高的物探异常。

（4）NNE-NE 向、NW 向线性构造带与地面断裂同位，色调异常带的延展及化探异常的分布受线性构造带控制。

老厂矿区多地学线、环构造具有同位性说明澜沧老厂矿床是一大型复成因矿床，矿区控矿构造是控制矿床空间定位的最主要的地质因素，但矿区控矿构造具有多期次、多成因的特点，在一些文献中将"古火山机构"作为澜沧老厂矿床的重要找矿标志之一。但该区经历了多期次的构造-岩浆活动，古火山口往往成为后期岩浆上侵的良好通道，所形成的环形构造具有继承性特点。古火山机构在地面以及遥感影像上都难以辨认，并且矿床的形成与燕山-喜马拉雅期中酸性隐伏岩体的关系更为密切，所以古火山机构只是找矿标志之一，是重要条件而非必要条件。

6.5.2　环–环横叠式结构显示多期同位成矿

根据同位成矿学说，规模大、品位高的矿床和重要矿化集中区，都只有在同一空间范围内，具有稳定的物质、稳定的热流，稳定的成岩成矿通道和稳定的沉积条件才能形成。同一空间范围内成矿作用的发生、发展和矿床形成的全过程具有同位性的特点（植起汉等，1995）。老厂环-环横叠式结构反映了澜沧老厂矿床多期同位成矿的特点。

矿区元素地球化学特征也显示了其中之一特点。笔者团队系统地采集了 F_3 断裂以西的构造地球化学和地层地球化学样品，送云南省地质矿产勘查开发局进行 Cu-Pb-Zn-As-Sb-Bi-Hg-Cd-Be-Sn-Ag-Mo-Au-Y-Co-Cr-Sr-Ba-Yb-V-Zr-Mn-Ti-Nb-La-Ni-W-Ga 等多种元素的分析，采用多元地学统计分析中因子分析方法，对分析结果进行处理和计算，从方差极大的正交旋转矩阵表中可以看出该区为两期成矿作用，高建国（2006）认为：①Cu-Pb-Zn-As- Sb-Hg-Ag-Au 等元素可视为块状黄铁矿型热水沉积成矿期；②Cu-Pb-Zn-As-Sb-Hg-Be-Sn-Mo-Y-Cr-Se-Yb-V-Nb-Ni-Ga 等元素可视为深部隐伏基性岩和酸性岩类的侵入对原热沉积矿床的改造作用。

　　本书认为，华力西期火山洼地和燕山-喜马拉雅期中酸性岩体同位上侵形成的脆弱地带是岩浆、气液良好的活动通道，后期线性构造带叠加其上，有利于围岩中的金属离子活化迁移，最终在断裂带中充填成矿。鉴于澜沧老厂矿床的主要成因是隐伏的燕山-喜马拉雅期中酸性岩体热液成矿，依柳组火山岩仅为含矿围岩之一（可能提供了部分矿源），且产于 C_{2+3}-P 碳酸盐岩中的矿产远远大于产于依柳组中的矿产，加之后期构造活动强烈，已严重破坏了火山机构的原貌，无论是地面还是在遥感影像上都难以寻找到完整的火山机构，过去一些文献中所论及的火山口，有的学者则认为是构造破碎带。总之，火山口不应成为该区的找矿标志，但是后期的中酸性岩浆易沿这些古火山机构上侵，一方面带来新的成矿物质，另一方面使地层中的成矿物质活化、迁移、富集、成矿。所以，寻找由后期的中酸性岩浆岩体形成的继承性环形构造是寻找该类矿床的遥感工作重点。

6.6　区域色调异常带内高异常斑块分布及验证效果

　　为检验以上图像处理方案的适用情况，对澜沧老厂矿床周边地区的 ETM$^+$影像进行同样的图像增强处理（图 6-19）。共发现有除澜沧老厂外的 9 个色调异常区域，各异常区与

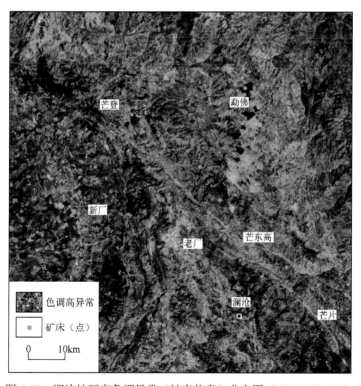

图 6-19　澜沧地区高色调异常（蚀变信息）分布图（ETM7-5/4-3/1）

已知的矿床（点）和区域地球化学异常有很高的吻合度（图 6-20），各色调异常区的地质、矿产、化探异常如表 6-1 所示。项目选取哥雪科异常区内的芒登-雪林地区和文东异常区内的勐佛-上允地区进行检验。

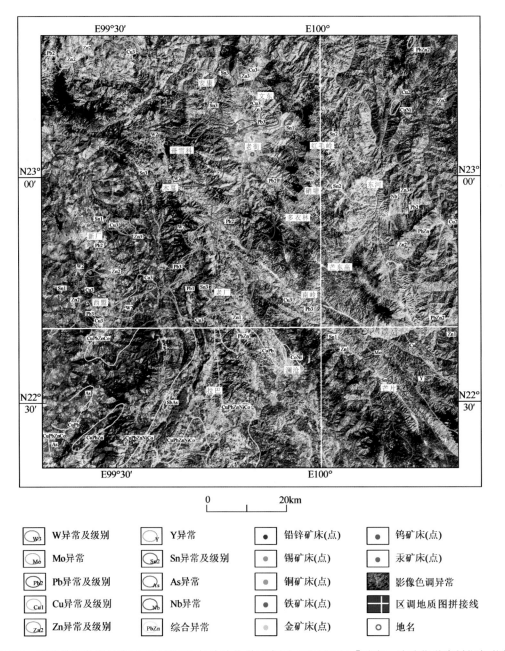

图 6-20　澜沧地区色调异常区（远景区）与地球化学异常图（ETM731）［矿产、地球化学资料据胡英等（1979）、段彦学等（1982）和车中林等（1986）］

表 6-1　澜沧地区色调异常区矿化、化探情况一览表

异常区	岩体	已知矿化	重砂异常及编号	化探异常及编号
哥雪科区	酸性斑岩脉	铅锌矿点 2 个 钨矿点 1 个 水晶矿点 1 个	黑钨 13 二级异常	W14 二级异常 Sn14 三级异常
文东-硝塘-多衣林区	临沧花岗岩基接触带 燕山晚期花岗岩脉群 石英脉群 花岗细晶岩脉群 花岗伟晶岩脉群 石英斑岩脉群	锡矿点 2 个 铅锌矿点 2 个	锡 15、16、20 二级异常 铅 14、19 二级异常 磷钇矿、独居石二级异常	Pb15 二级异常（勐佛） Sn8 一级异常
		铜矿点 2 个 铅锌矿点 1 个 锡矿点 1 个		Sn8 一级异常 Pb12 三级异常（下允） Cu9 三级异常（下允） Zn11 三级异常（下允）
拉巴区	依柳组火山岩 辉绿岩脉	多金属矿点 2 个 铌矿点 1 个 铅矿点 1 个		水系沉积物异常 土壤异常
南囡区	依柳组火山岩 辉绿岩脉	铅锌矿点 2 个		土壤 Pb、Zn 异常
澜沧区	依柳组火山岩	铅矿点 2 个	水系沉积物异常	
芒东高区	临沧花岗岩基接触带 酸性岩脉 石英岩脉 伟晶岩脉	铅（锌）矿点 4 个	外围多处铅、锌钨、金、镧、锡异常	
西盟区	煌斑岩脉 酸性岩脉 伟晶岩脉 酸性伟晶岩脉	新厂大型锡矿、铅锌矿床及锡矿点	重砂钨、白钨异常	Sn 异常 Cu 异常 Pb 异常 Zn 异常 W 异常
芒片区	临沧花岗岩基	铅锌矿点 7 个 铁矿点 9 个		Sn 异常 Y 异常 Zn 异常 Mo 异常

注：矿床、化探资料据车中林等（1986）。

6.6.1　哥雪科异常区芒登-雪林矿床影像特征

芒登-雪林锡铅锌多金属矿产于老街环形构造内（图 6-21）。遥感影像显示，该区也是 NE 向、NW 向和 NNW 向线性构造带夹持、交叠、错切的部位。

1. 线性构造带

研究区位于区域 NNW 向的耿马-木夏-孟遮线性构造带（F1）内，该带是临沧-缅甸景栋弧带内的影像-地质单元分界线，并控制了临沧花岗岩基南西边界，是澜沧地区成矿地质背景，研究区南部的老厂大型银铅锌多金属矿床也产于该线性构造带。该构造带常常被后期的线性构造错切和拓宽，如在木夏一带被 NW 向的木夏-景洪线性构造带（F2，木夏-景洪线性构造带在地面即为木夏大断裂）错切，在老厂一带被 NE 向线性构造带向错移拓宽。研究区内也发育 NE 向的线性构造，是区域性的 NE 向线性构造带的一部分。

图 6-21　老厂-老街地区 TM432 遥感影像及线-环结构纲要图
A. 芒登-雪林区；B. 勐佛-上允区；
F1. 耿马-木戛-孟遮线性构造带；F2. 木戛-景洪线性构造带

2. 老街环形构造

老街环形构造是临沧-缅甸景栋弧带内众多沿着临沧花岗岩基发育的环形构造之一（图 6-21）。老街环形构造在木戛-景洪线性构造带北东侧发育，其内环为等轴状环形构造，发育向心状水系花纹图案，环体中心出露侏罗系、白垩系地层；外环体的东部为临沧花岗岩，羽状-格状水系花纹；西部为石炭系南段组与澜沧群，树枝状水系花纹图案。内环的外侧为一圈深色调异常弧带，异常弧带可分为东西两支，东支为文东-上允-富邦异常带，西支为安康-哥雪科带，芒登-雪林锡铅锌多金属矿位于后者中部地区。

3. 哥雪科色调异常弧带与区域地球化学异常

澜沧地区花岗岩类为中-高侵位，接触变质晕不发育。但多光谱遥感影像却较好地反应了接触变质晕（围岩蚀变）的信息，表现为：成矿区内总体色调较浅，但在浅色调区域内的一些地段，特别是在临沧花岗岩基的接触带附近及 NNW 向耿马-木戛-孟遮线性构造带内，却显示有较大面积异常区域。这些区域亮度减弱、色彩加深，与周围背景明显不同。如在 TM432 影像上，异常色斑显示为浅青绿色异常区带内的深绿色斑块；在 TM731 影像上显示为咖啡色，周围背景为浅蓝色，这些色调异常的分布不受地层的影响。

哥雪科色调异常带位于老街环内环的西部安康-哥雪科附近地区，异常弧带相对模糊，长 15km，宽 6km。与已知地质资料对比发现，色调异常区与区域地球化学异常同位出现，具有较高的相关性。

区内已知有一钨矿化点，即哥雪科黑钨矿（28），矿化点位于岩帅-木戛褶皱束东部，出露石炭系南段群下段（图 6-21）。围岩蚀变有云英岩化、黄铁矿化等蚀变。黄铁矿氧化后呈褐铁矿出现。矿点附近有黑钨矿二级重砂异常（13），但面积较小。但该区的化探异常明显，有 W14 二级异常和 Sn10 三级异常，面积分别为 250km^2 和 330km^2，二者重合，并且伴有 Bi、Cu、Mo、Cr 的低缓异常。

4. 研究区色调异常特点

研究区东临临沧花岗岩基，并有花岗斑岩出露，岩石周围的地层受围岩蚀变等的影响，其化学性质和结构构造发生改变，在影像上显示出区别于周围背景特殊色彩色调。整个安康-哥雪科异常弧带亮度减弱、色彩加深。在放大的研究区影像上，色调异常显示出更丰富的层次和色彩。如在 TM732 影像上，花岗斑岩周围的南段组地层显示为茶褐色，局部地段显示为橙黄色，而远离花岗斑岩体的南段组地层显示为浅蓝-白色；侏罗系花开佐组远离岩体时显示为靛蓝色，靠近岩体时色调变深，色彩加浓，显示为深蓝色。在 ETM7-5/4-3/1 影像上（图 6-22），花岗斑岩体周围显示出与澜沧老厂矿床相同的明亮的黄色-黄绿色高异常色斑组成的环带，并且与黑钨矿重砂异常范围一致。在勘探区北部，虽然没有岩体出露，但有较大面积的色调异常斑块分布，也是找矿的有利地段。

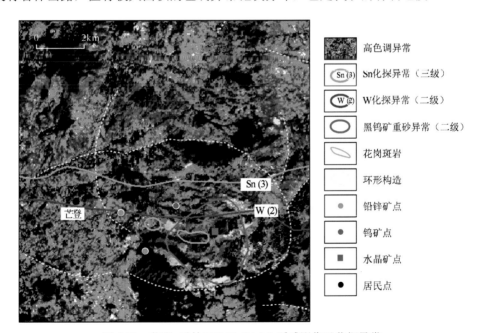

图 6-22　芒登-雪林 ETM7-5/4-3/1 遥感影像及化探异常

综上所述，芒登-雪林锡铅锌多金属矿具有很多与其北部的老厂大型矿床相似的影像特征。

（1）产于同一成矿地质背景——耿马-木戛-孟遮线性构造带内。

（2）EW 向构造与 SN 向构造叠加，即 EW 向的芒登透镜体构造与 SN 向安康–哥雪科异常弧带叠加（图 6-22），叠加区域色调异常更为突出；且该区区域地球化学异常晕也呈 EW 走向的箱状。

（3）在多幅数字处理遥感影像上，显示出与老厂矿床相似的高色调异常斑块。

图 6-23　大拉巴地区沿断裂带开拓平硐坑道（PD1、PD2）

该区具有较好的远景，除已知矿床外，在野外地质检查中发现该区大拉巴一带有多处私采偷采的平硐坑道 PD1、PD2（图 6-23）。通过地表和坑道含矿断裂的观察，矿体严格受断裂控制，断裂走向 NE-SW，倾向 NW，倾角 80°，断裂破碎带宽 3～6m，断裂性质为压扭性逆断层。破碎带断层泥中包裹黄铁矿、方铅矿透镜体，透镜体长 5～10m，厚 0.5～1m，具有延长和延深可能。断裂上、下盘岩性具有明显硅化，矿石矿物主要为黄铁矿和方铅矿。

6.6.2　文东异常区勐佛–上允锡矿区影像特征

1. 区域遥感地质背景与线–环结构

在区域遥感影像上，上允地区位于老街环的东部（图 6-21）。NW 向的黑河线性构造带和 NE 向的哥雪科-黑河线性构造带与老街环交切。澜沧老厂矿床位于黑河线性构造带南部，哥雪科矿点位于老街内环的西侧，与研究区对称分布。在老街环内环的东侧文东一硝塘—多衣林一线以东地区发育一个色调异常区带，沿花岗岩的接触带发育，受 NE 向、NW 向和近 SN 向线性构造带控制，与红毛岭锡矿段重合。

2. 线性构造

研究区内各方位的线性构造均有发育，其中 NE 向和 NW 向线性构造线性特征清晰，控制了该区地形地貌的发育，是相对较新的构造，二者也常常相伴出现，具有共轭的特点。EW 向和 SN 向线性构造线性特征相对模糊，是发育较早或者隐伏于一定深度的构造。

3. 环形构造

1）邦佑-南定 EW 轴向透镜体

该透镜体位于研究区的北部，东西范围已超过研究区。其东西轴长近 30km，南北轴长约 20km。东部、北部边缘清晰而南部模糊。NE 边缘最清晰，为澜沧江及墨江弧形河谷，南部和西北边缘由断续的弧形河谷和山脊组成（图 6-24）。

透镜体内邦威—大岔路—澜沧江边一带存在一系列弧形沟谷，形成其二级 EW 轴向透镜体的北部边缘，但南部边界很不清晰。透镜体内或周边的 4 个三级环体控制了研究区北部脉岩的分布（图 6-25）。如最北边的那东乡环（R_3^5），南半部分与透镜体叠加，叠加区域出露多个脉岩体，而在北部却没有脉岩体出露；研究区西北角的大箐寨环（R_3^1），环体内的地层为澜沧群惠民组和曼来组，无脉岩体出露，但是却具有较大面积的与老厂矿床相同的色调异常区域；与大箐寨环相叠加的邦威环（R_3^2），影像特征与前者相似，环体内就出露多个脉岩体，并且矿点 17、20 和 23 在环体范围内；另一个三级环为水平寨-红毛岭复式环，它由一个较完整的红毛岭环（R_3^7）和其西部的水平寨半环（R_3^3）组合而成，环体内有多个脉岩体出露，并发现 4 个矿点。

2）二级环形构造群

研究区内有 4 个二级环形构造围绕在透镜体的周围，它们的直径为 15km 左右，常以弯曲的河谷显示为边界。

（1）文东环：约 1/3 在研究区内，无脉岩体出露，但与一个区域化探异常区在地理位置上耦合，其外环层与其他环体叠加的地段已发现矿点 20。除东部与其他环体交叠的部位外，环体内结构简单，地形起伏较大，水系稀疏，主要河谷呈 NE 向的舒缓波状。环体内没有较大的色调异常区域。

（2）勐佛环：因勐佛矿点位于该环内而得名。环体内东部为花岗岩基，西部为澜沧群，中部为侏罗系花开佐组。南、北的环缘为弧形河谷，西部边界为弧形的地层不整合线。东部与硝塘环叠加而边界不清。其内部的三级环——那阮环（R_3^4）范围内有 3 个燕山期花岗岩脉出露，外环层有多个花岗斑岩体出露。环体范围也有三级 Pb 化探异常和铅重砂二级异常。

（3）硝塘环：硝塘矿点位于该环体的中心。环体内地面主要是花岗岩基，影纹细碎，地形平缓，发育密集的树枝状水系，其内部的三级环（R_3^8）以浅色调为主。无论在内环还是外环层，地表都已出露多个脉岩体，并有 Sn 化探异常和重砂异常。

（4）荒田环：约 1/3 在研究区内，与硝塘环具有相似的影像特征，但仅在两环体相叠加的地方出露脉岩体。根据地质资料，环体被两条 SN 向的断裂（岩性渐变带）分为三部分，中间地层为 Pt_1，两侧为印支期花岗岩基，但这两条断裂在遥感影像上显示不清晰，Pt_1 地层与花岗岩的影像特征也没有差异。

将地面已出露的脉岩体投影到环形构造图上可以发现（图6-24、图6-25），三级环形构造控制了脉岩体的发育。每一个三级环体可能就是一个燕山期—喜马拉雅期地幔热点在遥感影像上的反映，是地幔岩浆和热液上涌的通道。岩浆和热液在裂隙发育的地段（特别是多组线性构造交汇叠加地段）沉淀冷凝，形成脉岩，聚集成矿。

4. 色调异常区域

文东色调异常区位于澜沧花岗岩基的接触带，多光谱遥感影像却较好地反应了接触变质晕（围岩蚀变）的信息。澜沧地区区内总体色调较浅，但在浅色调区域内的一些地段，特别是在临沧花岗岩基的接触带附近却显示有较大面积异常区域。这些区域亮度减弱、色彩加深，与周围背景明显不同。如在TM432影像上，异常色斑显示为浅青绿色异常区带内的深绿色斑块；在ETM741影像上色彩对比清晰，可将TM432影像上浅绿色区域进一步区分为深棕色（面积大）和浅红色（面积小）两种色调色彩异常。该区的色调异常具有以下两个特征。

1）与澜沧老厂矿床相同的色调异常

根据区域地质报告资料，研究区与矿化有关的围岩蚀变主要为黄铁矿化以及云英岩化、绢云母化和高岭土化等，但同样采用强化突出铁化和泥化现象的 TM5/7-5/4-TM3/1 和 TM5/7-TM3/1-TM4/3 方案，效果并不理想。但是在突出了菱锰矿等含锰矿物和褐铁矿、黄铁矿等蚀变矿物信息的 TM7-5/4-3/1 影像上色彩丰富，层次清晰，有较大范围的浅黄绿色高色调异常区（图6-24）。

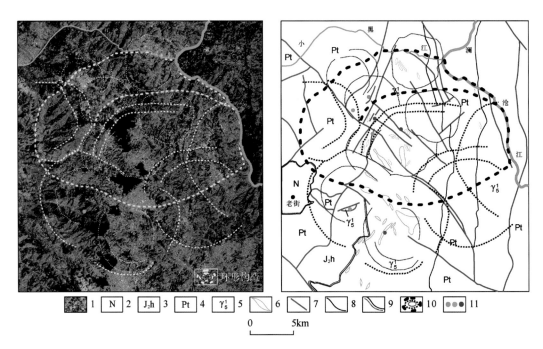

图6-24　上允地区环形构造纲要图（底图为TM7-5/4-3/1影像）与地质图

1. 高色调异常；2. 新近系；3. 中侏罗统花开佐组；4. 澜沧群；5. 印支期花岗岩；6. 斑岩体；7. 断层；8. 地层界线；
9. 不整合界线；10. 环形构造；11. 铅锌矿/铜矿/锡矿

本书采用监督分类方法提取了色调异常信息（图 6-25）。研究区内主要有 3 个异常区，其形态和展布均受到 NW 向和 NE 向线性构造带的控制，形态似菱块状，并且具有沿着 NW 向线性构造带右行的特点。

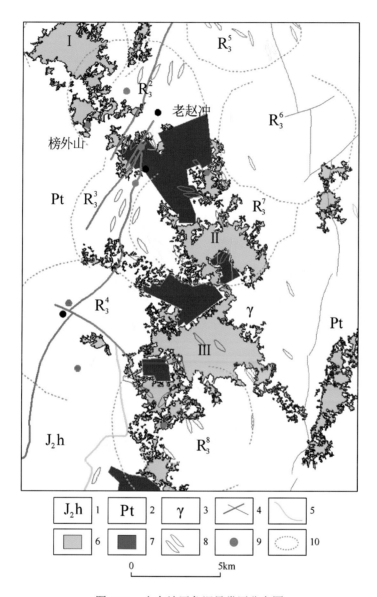

图 6-25　上允地区色调异常区分布图

1. 侏罗系花开佐组；2. 澜沧群；3. 印支期花岗岩；4. 断裂；5. 地层线；6. 浅色调异常区；7. 深色调异常区；8. 脉岩；9. 矿点；10. 三级环形构造

Ⅰ区位于研究区的西北角大箐寨一带，已有矿化发现。异常区的影像特征与澜沧老厂矿床相同，地表没有脉岩出露，但色调异常斑块不仅面积较大，还显示出很好的色调环带特征，即大箐寨环形构造（R_3^1）。如在 TM7-5/4-3/1 影像上，环体核心部位是亮度很高的浅黄绿色斑块，向外亮度逐渐降低，显示为黄绿色，最外围已变成酱紫色（图6-26）。

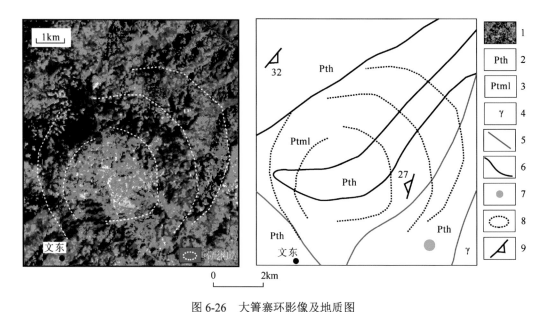

图6-26　大箐寨环影像及地质图

1. 高色调异常；2. 澜沧群惠民组片岩；3. 澜沧群曼来组片岩、变粒岩；4. 花岗岩；5.断层；6. 地层界线；7. 铜矿点；
8. 环形构造；9. 片理、片麻理产状

II区位于研究区中部陪西-田头地区，由一个大的斑块和数个细小斑块组成。异常区地面出露印支期花岗岩，有喜马拉雅期花岗岩脉和石英脉等侵入，目前仅在其南部发现红毛岭矿点；但在红毛岭矿5号锡矿体的围岩——黑云二长花岗岩内已发现有"铁锰质网脉状发育"，5号矿体也是红毛岭矿点中品位最高的矿体。

III区位于研究区南部（大板桥—大芒允一带），由一个大的斑块和数个细小版块组成。异常区地面出露印支期花岗岩，有花岗斑岩、石英脉岩等侵入。硝塘矿点在该异常区的南部。

2）深色调异常与浅色调异常相伴产出

研究区内有两种色调异常，一种如前所述的色调异常。另外一种色调异常亮度极低，在TM7-5/4-3/1影像上显示为酱紫色。在文东一带地表为澜沧群的地区，它主要出现在浅色调异常环的外侧，形成深色调外环带。而在印支期花岗岩基接触带的内侧，其形态也受到NE向和NW向线性构造带的控制，与浅色调异常斑块相伴产出。研究区内沿着进SN向的那阮-老赵冲断裂带（接触带）共发育有5个较大的深色调异常斑块，其中最大的一个位于邦威水库一带，异常区范围内已发现邦威水库锡矿点、红毛岭锡矿点和邦威铜矿点。

2009~2011年，笔者团队在参与的沿那阮-邦威水库断裂带原生晕化探工作中发现，该区Sn、W、Cu、Pb、Zn元素的含量整体上呈正相关关系，燕山晚期岩体的含量较印支期岩体中含量普遍较高；后期石英脉中元素含量又较之岩体中高，断裂破碎带中的局部地段前两者都高，其中邦威水库地区的样品中后期石英脉中矿化元素含量较变质岩中和岩体中的都高（图6-27），而燕山晚期岩体中含量普遍较印支期岩体中含量高。在导流洞的顶板上黄铁矿化较为强烈（图 6-28），所采集的 C06 样品分析成果：Cu 215×10^{-6}、Zn 172×10^{-6}、Pb 587×10^{-6}，Pb 含量大于异常下限值 457.944×10^{-6}，为有利的铅矿化引起，与石英脉有关；构造地球化学中 Cu 的含量值较高，其中 C04 样品 Cu 的含量为 497×10^{-6}，大于异常下限值（159.988×10^{-6}），为有利的铜多金属异常区，同时该区为物探激电高异常区，具有找矿前景。

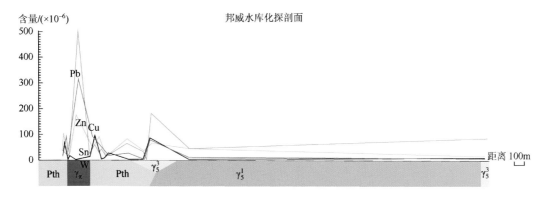

图 6-27　澜沧县上允铜多金属勘查区邦威水库地质及化探剖面

图 6-28　澜沧县上允铜多金属勘查区邦威水库导流洞顶板黄铁矿化

文东异常区通过对成矿地质特征分析、地球物理与地球化学勘查、矿床遥感等成矿信息的综合，确定了那阮、水平寨-邦威铜矿（邦威上寨）、邦威水库和红毛岭为重要的找矿靶区，其中那阮铜矿异常区、邦威铜矿（邦威上寨）-水平寨含铜铁矿化异常区已进行资源估算。那阮铜矿异常区估算结果：异常范围铜金属量 3938t、铜含量大于 0.3% 的金属量 840t；邦威铜矿（邦威上寨）-水平寨含铜铁矿化异常区估算结果：铜 2292.4t，那阮-邦威水平断裂带上两个异常区估算铜资源量为 6230.4t。对红毛岭锡矿资源储量核实后锡金属量（332 + 333 + 334）为 184t，平均品位 0.2%。

6.6.3　芒东高找矿远景区

本次研究发现的 9 个色调异常区域中西盟新厂异常区和澜沧老厂异常区内均已发现一个大型矿床（前者为锡矿床，后者为铜铅锌银多金属矿床）以及数个小型矿床，存在大面积的区域化探异常，目前在老矿床外围有众多地面勘探项目在开展；在哥雪科异常区和文东区内已经发现有数个小型的铜、铅、锌等矿床（点），区域化探异常也显示了较好的成矿远景，近几年也有多项地面勘探工作开展；芒片异常区内高色调异常斑块面积较小，分布范围广而细碎，已发现的矿床（点）与澜沧老厂矿床类型不同，因此不作为老厂式矿床的成矿远景区。在澜沧地区尚未进行更多勘查工作的是芒东高异常区。

　　与其他区域色调异常区带不同，芒东高异常区内除一个金矿化点外，并无发现其他矿点，异常种类也以重砂异常为主，且范围较小（图6-29）。因此，以往的地质调查和地球化学勘查工作中均未将该区划为成矿远景区。

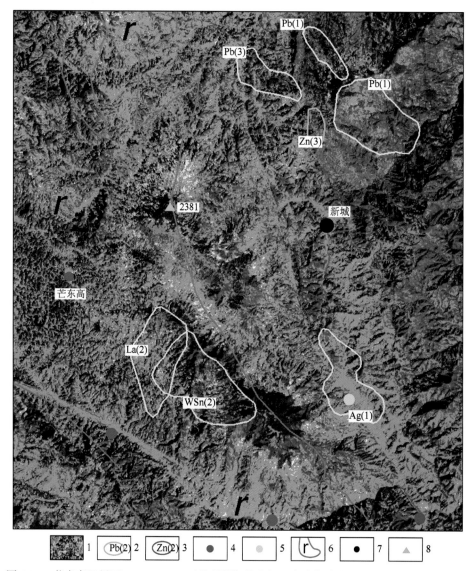

图 6-29　芒东高远景区 ETM7-5/4-3/1 遥感影像［矿产、地球化学资料据段彦学等（1982）］

1. 影像色调高异常；2. 重砂异常及级别；3. 土壤异常及级别；4. 铅矿床（点）；5. 金矿化点；6. 临沧花岗岩基；
7. 居民点；8. 山峰

　　但是在研究中发现，芒东高异常区具有与澜沧老厂矿床相同的影像色调异常，在突出锰铁异常信息的 ETM7-5/4-3/1 影像上，有大范围的高色点异常斑块分布，特别是在异常区的北部 2381 高地一带比较集中。该区沿着临沧花岗岩基东部与二叠系、澜沧群等地层的接触带发育，长 20km，最宽处约 10km，面积为 150km^2 左右。区内酸性岩脉、石英岩脉和伟晶岩脉发育，在芒东高环体的边缘有 4 个铅矿点沿着黑河及其支流河谷展布。研究认为该区具有很好的找矿潜力。

结　语

　　地质找矿遥感分析是一个求异的过程。与成矿作用有密切关系的地质因素控制形成的地质异常体是矿体或矿床形成的必备条件，这种地质异常体所表现出的地质特征则是指示矿床存在的地质标志，而这种标志在遥感影像上可以清楚、宏观地显示。因此，通过对研究区地质构造的遥感影像分析和研究，可以进一步指导找矿和圈定矿床（点）产出的有利区域，同时也可以通过地质构造遥感分析，发现地下隐伏构造和隐伏地质体。这些隐伏构造或隐伏地质体可以在遥感影像上直接或间接显示，多以间接显示为主。

　　一定的大地构造环境产出一定的矿床类型，同理一定的矿床类型也是一定的大地构造环境的指示标志。在常规的矿产勘查与预测中，无论是区域成矿预测还是矿区成矿预测，地质工作者首先要全面掌握研究区的地质背景，才能做好成矿预测。在采用遥感技术进行快速找矿时，同样也需要按照这一工作程序，遥感找矿由于遥感技术固有的宏观性特点，在解译成矿大地构造环境方面具有优势。在本书的研究中，发挥遥感技术的优势，对工作区中各成矿有利地段的成矿地质背景展开论述，比较与传统地质工作方法所论述的矿床产出大地构造环境的异同，避免"人云亦云"。在遥感地质勘查工作中利用不同分辨率的遥感信息，采用"成矿遥感地质背景→远景区→蚀变异常区→赋矿线-环结构"逐步推进的工作方法。

　　首先对矿区进行宏观控制解译：采用较低分辨率的影像，与地球物理、地球化学等资料综合分析，明确矿床的成矿遥感地质背景，了解成矿带的遥感影像特征与地质环境，概略解译成矿区带的遥感影像线-环结构，明确已知矿床在区域遥感影像线环结构中的位置及与周边线环结构的相互关系，进而根据区域线-环结构与矿床的展布规律及区域性的热蚀变色调异常或特殊岩性的展布等信息，寻找成矿远景区。对远景区范围内同时具有中等空间分辨率和较高波谱分辨率的影像进行数字图像处理，既要提取蚀变异常信息或特殊岩性信息等，更要对此范围内的线性构造和环形构造详细解译，确定其成因、级别、期次及与矿化的关系等，圈定重点区域。在此基础上，对重点区域进行微观观察：利用米级及以下的高分辨率影像结合 DEM 对矿区的地层、岩性和构造信息进行判读，厘定赋矿线环结构，综合地质、物探、化探等信息，圈定优先勘查靶区。

　　在遥感解译工作中，最为重要的是第一步，即对"成矿遥感地质背景"的解译和认识。只有对矿床形成的地质背景特征有全面的了解，对一个区域的矿床成因类型和成矿系列特征有正确的认识，才能对后续的工作进行准确的计划和安排。因此，宏观控制解译的范围要远大于实际工作区范围，并可利用多种类型的遥感影像数据进行比对分析，用图虽多但数据获取方便且价格低廉；微观观察则宜采用能获取的最高空间分辨率的图像，范围合适即可。如果径直去解译高分辨率的遥感影像，往往会陷入"一叶障目"的困境，影响解译者得出正确的结论。

由于书中所论述的矿床并非同一时期所做的研究，故研究深度并不一致。特别遗憾的是，由于对兰坪铅锌矿床研究的程度较低，所以相关内容没有选入本书。因作者理论知识及实践经验的不足，书中难免有诸多错误与不足，敬请各位师长、同行批评指正。

参 考 文 献

蔡新平，徐兴旺，梁光河，等，2002. 北衙矿产资源开发和特异地质现象保护[J]. 矿床地质，21（Z1）：1112-1115.

常祖峰，常昊，臧阳，等，2016. 维西-乔后断裂新活动特征及其与红河断裂的关系[J]. 地质力学学报，22（3）：517-530.

车中林，等，1986. 沧源幅（F-47-10）、上班老幅（F-47-9）1∶20 万区域地质调查报告：矿产部分[R]. 昆明：云南省地质矿产局.

陈炳蔚，李永森，曲景川，等，1991. 三江地区主要大地构造问题及其与成矿的关系[M]. 北京：地质出版社.

陈宏明，1994. 中国南方石炭纪岩相古地理与成矿作用[M]. 北京：地质出版社.

陈梁，孙德瑜，王列，等，2009. 兰坪县青甸湾铅锌矿矿床地质[J]. 云南地质，28（3）：280-284.

陈有能，王祁仑，冉正方，1997. 贵州中部东西向构造带的构造形迹及历史定位[J]. 贵州地质，14（1）：40-45.

陈智梁，1987. 扬子地块西缘地质构造演化[M]. 重庆：重庆出版社.

程相皋，等，1991. 云南省澜沧县老厂银铅矿床第一期地质勘探报告[R]. 昆明：西南有色地质勘查局.

崔银亮，2011. 滇东北铅锌（银）矿床遥感地质与成矿预测[M]. 北京：地质出版社.

崔银亮，2013. 滇东北铅锌银矿床-遥感地质与成矿预测[M]. 北京：地质出版社.

旦贵兵，杨大宏，沈史日，2007. 四川宁南雀珠山地区铅锌矿床特征与找矿远景[J]. 四川地质学报，27（2）：96-98.

邓起东，张培震，冉勇康，等，2002. 中国活动构造基本特征[J]. 中国科学 D 辑：地球科学，32（12）：1020-1030.

豆松，刘继顺，郭远生，等，2013. 云南鹤庆炉坪铅多金属矿矿石矿物学特征及其地质意义[J]. 地球学报，（Z1）：87-94.

段锦荪，2000. 滇西地区晚古生代裂谷作用与成矿[M]. 北京：地质出版社.

段彦学，等，1982. 孟连幅（F-47-16）1∶20 万区域地质调查报告[R]. 昆明：云南省地质局.

方宏宾，2010. 1∶25000 遥感地质译技术指南[M]. 北京：地质出版社.

高建国，2006. 澜沧老厂铅锌多金属矿床综合成矿信息与靶区定量预测[D]. 北京：科学出版社.

高万里，张绪教，王志刚，等，2010. 基于 ASTER 遥感图像的东昆仑造山带岩性信息提取研究[J]. 地质力学学报，16（1）：60-70.

葛良胜，郭晓东，邹依林，等，2002a. 云南北衙金矿床地质特征及成因研究[J]. 地质找矿论丛，17（1）：32-41.

葛良胜，郭晓东，邹依林，等，2002b. 云南姚安与富碱岩浆活动有关的金矿床地质及成因[J]. 地质与资源，11（1）：29-37.

葛良胜，杨嘉禾，郭晓东，等，1999，滇西北地区（近）东西向隐伏构造带的存在及证据[J]. 云南地质，（2）：155-167.

贵州省地质局，1973. 威宁幅（G-48-9）1∶20 万区域地质调查报告[R].

和文言，莫宣学，喻学惠，等，2013. 滇西北衙金多金属矿床锆石 U-Pb 和辉钼矿 Re-Os 年龄及其地质意义[J]. 岩石学报，29（4）：1301-1310.

和中华，周云满，和文言，等，2013. 滇西北衙超大型金多金属矿床成因类型及成矿规律[J]. 矿床地质，32（2）：244-258.

贺胜辉，荣惠锋，尚卫，等，2006. 云南茂租铅-锌矿床地质特征及成因研究[J]. 矿产与地质，20（4）：397-402

胡炎基，等，1965. 西昌幅（G-48-1）1∶20 万区域地质测量报告[R]. 成都：四川省地质局.

胡英，等，1979. 勐海幅（F-47-23）1∶20 万区域地质调查报告[R]. 昆明：云南省地质局.

黄汲清，陈炳蔚，1987. 中国及邻区特提斯海的演化[M]. 北京：地质出版社.

黄玉凤，曹殿华，王志军，等，2011. 云南兰坪盆地北部东缘铅锌矿床喷流沉积成因的厘定——来自矿物学和硫同位素证据[J]. 地质力学学报，17（1）：91-103.

金中国，2008. 黔西北地区铅锌矿控矿因素、成矿规律与找矿预测研究[M]. 北京：冶金工业出版社.

荆凤，陈建平，2005. 矿化蚀变信息的遥感提取方法综述[J]. 遥感信息，（2）：62-65.

阚荣举，张四昌，晏凤桐，1977. 我国西南地区现代构造应力场与现代构造活动特征的探讨[J]. 地球物理学报，20（2）：96-109.

李峰，段嘉瑞，1999. 滇西地区板块-地体构造[J]. 昆明理工大学学报：理工版，24（1）：29-35.

李峰，鲁文举，杨映忠，2010. 危机矿山成矿规律与找矿研究：以云南澜沧老厂矿床为例[M]. 昆明：云南科技出版社.

李峰，鲁文举，杨映忠，等，2009. 云南澜沧老厂斑岩钼矿成岩成矿时代研究[J]. 现代地质，23（6）：1049-1055.

李光斗，2010. 云南澜沧老厂银铅锌铜矿床地质特征、控矿要素及找矿靶区[J]. 矿产与地质，24（1）：59-63.

李光勋，孔雷，1985. 滇西锡矿带成矿规律及找矿方向——区域控岩控矿构造和矿田构造课题报告[R]. 昆明：云南省地质矿产局.

李厚民，2009. 滇东北峨眉山玄武岩铜矿研究[M]. 北京：地质出版社.

李虎杰，田煦，易发成，1995. 云南澜沧铅锌银铜矿床稳定同位素地球化学研究[J]. 有色金属矿产与勘查，4（5）：278-282.

李雷，段嘉瑞，1996. 澜沧老厂铜多金属矿床地质特征及多期同位成矿[J]. 云南地质，15（3）：246-256.

李雷，赵斌，1989. 云南澜沧老厂多金属矿区遥感影像特征及其找矿意义[J]. 矿产与勘查，8（1）：50-56.

李坪，汪良谋，1975. 云南川西地区地震地质基本特征的探讨[J]. 地质科学，10（4）：308-326.

李文昌，2009. 云南省遥感地质应用[M]. 北京：地质出版社.

李章雄，刘丽华，苏益志，2012. 云南鹤庆炉坪金多金属矿床地质特征及成因分析[J]. 云南地质，31（3）：301-304.

廖震文，邓小万，2002. 银厂坡铅锌银矿床地质构造特征及找矿分析[J]. 贵州地质，19（3）：163-169.

林方成，2005. 扬子地台西缘大渡河谷超大型层状铅锌矿床地质地球化学特征及成因[J]. 地质学报，79（4）：540-556.

林尧明，等.1983. 思茅幅（F-47-11）1:20 万区域地质调查报告[R]. 昆明：云南省地质局.

刘超群，2007. 碳酸盐岩地区遥感岩性信息提取方法研究[D]. 北京：中国地质科学院.

刘吉平，赵鹏大，胡光道，1997. 遥感影像地质异常分析及其应用[J]. 地质科技情报，16（S1）：111-116.

刘经仁，等，1966. 鹤庆幅（G-47-17）1:20 万地质报告书[R]. 昆明：云南省地质局.

刘聚海，2000. 矿产勘查中的遥感技术应用：综述[J]. 国土资源科技进展，（3）：54-61.

刘文周，1989. 云南金沙厂铅锌矿床地质特征及其成因探讨[J]. 成都地质学院学报，（2）：11-19.

刘文周，徐新煌，1996. 论滇川黔铅锌成矿带矿床与构造的关系[J]. 成都理工学院学报，23（1）：71-77.

柳贺昌，林文达，1999. 滇东北铅锌银矿床规律研究[M]. 昆明：云南大学出版社.

楼性满，葛榜军，1994. 遥感找矿预测方法[M]. 北京：地质出版社.

陆彦，1998. 川滇南北向构造带的两开两合及成矿作用[J]. 矿物岩石，（Z1）：32-38.

罗惠麟，蒋志文，何廷贵，1982. 川滇地区震旦系—寒武系界线[J]. 地质科学，（2）：215-219.

吕凤军，郝跃生，石静，等，2009.ASTER 遥感数据蚀变遥感异常提取研究[J]. 地球学报，30（2）：271-276.

吕江宁，沈正康，王敏，2003. 川滇地区现代地壳运动速度场和活动块体模型研究[J]. 地震地质，25（4）：543-554.

莫源富，奚小双，2010. 植被覆盖茂密区碳酸盐岩岩性的遥感识别——以灌江流域为例[J]. 桂林理工大学学报，30（1）：41-46.

欧阳成甫，1994. 云南澜沧老厂银铅矿床环形构造研究及其地质效果[J]. 国土资源遥感，6（1）：23-28.

巧家县国土资源局，2009. 云南省昭通市巧家县矿业权核查矿权分布图[R].

全苏地质研究所，1955. 蚀变围岩及其找矿意义[M]. 北京：地质出版社.

沈苏，1988. 西昌-滇中地区主要矿产成矿规律及找矿方向[M]. 重庆：重庆出版社.

施琳，陈吉琛，吴上龙，等，1989. 滇西锡矿带成矿规律[M]. 北京：地质出版社.

史清琴，等，1976. 云南镇雄幅（G-48-3）1:20 万地质图、矿产图及其说明书[R]. 昆明：云南省地质局.

汤井田，何继善，1993. 静效应校正的波数域滤波方法[J]. 物探与化探，17（3）：209-216.

滕吉文，1994. 康滇构造带岩石圈物理与动力学[M]. 北京：科学出版社.

万国江，1995. 碳酸盐岩与环境（卷一）[M]. 北京：地震出版社.

汪旋，2010. 昭通彝良毛坪铅锌矿河东地区构造地球化学找矿应用研究[D]. 昆明：昆明理工大学.

王峰，陈进，罗大锋，2013. 滇川黔接壤区铅锌矿产资源潜力与找矿规律分析[M]. 北京：科学出版社.

王奖臻，李朝阳，李泽琴，等，2001. 川滇地区密西西比河谷型铅锌矿床成矿地质背景及成因探讨[J]. 地质地球化学，29（2）：41-45.

王奖臻，李朝阳，李泽琴，等，2002. 川、滇、黔交界地区密西西比河谷型铅锌矿床与美国同类矿床的对比[J]. 矿物岩石地球化学通报，21（2）：127-132.

王茂良，1966. 四川米易幅（G-48-7）1:20 万区域地质测量报告[R]. 成都：四川省地质局.

王瑞雪，2008. 云南澜沧老厂铅锌矿影像线-环结构矿床定位模式研究[D]. 昆明：昆明理工大学.

王瑞雪，2015. 滇川黔成矿区碳酸盐岩影像图形特征变异研究[R]. 昆明：昆明理工大学.

王瑞雪，常琳，马思顺，等，2015. 滇川黔接壤区彝良毛坪环块构造影像地质异常研究[J]. 矿物学报，（Z1）：939-940.

王瑞雪，高建国，杨世瑜，2007a. 澜沧老厂矿床线-环结构模式拟建及成矿预测[J]. 国土资源遥感，（3）：51-55.

王瑞雪，史茂，苏杰，2007b. 云南澜沧老厂矿区影像线-环结构矿床定位模式研究[J]. 矿床地质，26（5）：541-549.

王小春，1992. 天宝山铅锌成因分析[J]. 成都地质学院学报，19（3）：10-20.

王自廉，等，1978. 昭通幅（G-48-2）1：20万区域地质调查报告[R]. 昆明：云南省地质局.

吴德文，2006. 多元数据分析与遥感矿化蚀变信息提取模型[J]. 国土资源遥感，18（1）：22-25.

吴鹏，等，2018. 会泽矿区多层位铅锌等多金属矿找矿潜力[R]. 昆明：昆明理工大学

吴树华，1974. 兰坪幅（G-47-16）1：20万区域地质调查报告[R]. 昆明：云南省地质局.

吴延之，等，1990. 滇西澜沧火山岩带铜多金属成矿地质条件及找矿预测研究[R]. 长沙：中南工业大学.

吴越，2013. 川滇黔地区MVT铅锌矿床大规模成矿作用的时代与机制[D]. 北京：中国地质大学.

西南有色地质勘查局，2000. 滇西澜沧老厂银多金属矿及外围矿体快速定位预测的综合示范研究[R].

西南有色地质勘查局310队，1994. 北衙金矿区阶段普查地质报告[R].

夏文杰，1994. 中国南方震旦纪岩相古地理与成矿作用[M]. 北京：地质出版社.

熊家铺，等，1980. 东川幅（G-48-14）1：20万区域地质调查报告[R]. 昆明：云南省地质局.

徐锡伟，闻学泽，郑荣章，等，2003. 川滇地区活动块体最新构造变动样式及动力学来源[J]. 中国科学D辑：地球科学，33（Z1）：
　　151-162.

薛步高，1989. 对澜沧老厂铅锌矿成因的讨论[J]. 云南地质，8（2）：181-188.

薛步高，1998. 论澜沧老厂银铅多金属矿床成矿特征[J]. 矿产与地质，（1）：26-32.

薛步高，2006. 超大型会泽富锗铅锌矿复合成因[J]. 云南地质，25（2）：143-159.

薛代福，等，1984. 维西幅（G-47-10）1：20万区域地质调查报告[R]. 昆明：云南省地质局.

严清高，江小均，吴鹏，等，2017. 滇中姚安老街子板内富碱火山岩锆石SHRIMP U-Pb年代学及火山机构划分[J]. 地质学报，
　　91（8）：1743-1759.

晏建国，崔银亮，陈贤胜，2003. 云南省北衙金矿床成矿预测和靶区优选[J]. 地质与勘探，32（1）：10-17.

晏建国，崔银亮，李家盛，2010. 云南北衙超大型金矿床地质及找矿模式[M]. 昆明：云南科技出版社.

杨世瑜，王瑞雪，2002. 北衙碱性斑岩型金矿床矿床遥感地质综合信息[J]. 昆明理工大学学报：理工版，27（4）：1-5.

杨世瑜，王瑞雪，2003. 矿床遥感地质导论[M]. 昆明：云南大学出版社.

杨暹和，1985. 川滇地区元古宙地壳演化初探[J]. 四川地质学报，（1）：28-39.

杨应选，管士平，林方成，1994. 康滇地轴东缘铅锌矿床成因及成矿规律[M]. 成都：四川科技大学出版社.

袁奎荣，1990. 隐伏花岗岩预测及深部找矿[M]. 北京：科学出版社.

云南省地质矿产局，1990. 云南省区域地质志[M]. 北京：地质出版社.

云南省地质矿产局，1995. 云南岩相古地理图集[M]. 昆明：云南科技出版社.

张兵，周军，王军年，2008. 遥感蚀变矿物填图与找矿方法[J]. 地球科学与环境学报，30（3）：254-259.

张家声，李燕，韩竹均，2003. 青藏高原向东挤出的变形响应及南北地震带构造组成[J]. 地学前缘，10（Z1）：168-175.

张金学，王文超，吴道鹏，等，2009. 滇西维西-普洱成矿带之与碳酸盐岩有关铅锌矿床的矿化特征[J]. 矿产与地质，（5）：
　　442-447.

张玉君，曾朝铭，陈薇，2003. ETM$^+$（TM）蚀变遥感异常提取方法研究与应用——方法选择和技术流程[J]. 国土资源遥感，
　　15（2）：44-49.

张云峰，李领军，张蓉，2007. 遥感构造解译在滇东北地区成矿预测中的半定量应用[J]. 矿产与地质，21（3）：358-362.

张云湘，骆耀南，杨崇喜，1988. 攀西裂谷[M]. 北京：地质出版社.

张运生，辛荣，2004. 云南省姚安铅矿区老街子矿段资源储量核实报告[R]. 楚雄：云南省有色地质局楚雄勘查院.

张长青，2008. 中国滇川黔交界地区密西西比型（MVT）铅锌矿床成矿模型[D]. 北京：中国地质科学院.

张志斌，李朝阳，涂光炽，等，2006，川、滇、黔接壤地区铅锌矿床产出的大地构造演化背景及成矿作用[J]. 大地构造与成

矿学，30（3）：343-354.

张淮，李波，陈春华，等，2006. 澜沧老厂银铅矿床原生矿体地质特征及成因研究[J]. 西部探矿工程，18（12）：125-128.

赵鹏大，池顺都，1991. 初论地质异常-地球科学[J]. 中国地质大学学报，16（3）：241-248.

赵秀鲲，1998. 云南中东部东西向构造带形成、发展及其控矿机理分析[J]. 云南地质，17（1）：109-112.

赵应龙，等，1978. 鲁甸县幅（G-48-8）1：20 万区域地质调查报告[R]. 昆明：云南省地质局.

郑庆鳌，1997. 云南会泽矿山厂、麒麟厂铅锌矿床对流循环成矿及热水溶硐赋存块状富铅锌矿[J]. 西南矿床地质，11（1-2）：8-16.

植起汉，朱谷昌，王严，1995. 金属矿床分布规律与遥感地质构造的联系[J]. 矿产与地质，9（3）：199-202.

中国人民武装警察部队黄金第十三支队，2000. 云南省姚安县白马苴矿区金矿普查报告[R].

周高明，李本禄，2005. 云南毛坪铅锌矿床地质特征及成因初探[J]. 西部探矿工程，17（3）：75-77.

周可法，孙莉，张楠楠，2008. 中亚地区高光谱遥感地物蚀变信息识别与提取[M]. 北京：地质出版社.

周名魁，刘俨然，1988. 西昌-滇中地区地质构造特征及地史演化[M]. 重庆：重庆出版社.

邹豹君，1985. 小地貌学原理[M]. 北京：商务印书馆.

Abrams M，Hook S J，1995. Simulated aster data for geologic studies[J]. IEEE Transactions on Geoscience and remote sensing，33（3）：692-699.

Crowley J K，Hubbard B E，Mars J C，2003. Hydrothermal alteration on the cascade stratovolcanoes：a remote sensing survey[J]. Geological Society of America，35（6）：552.

Gupta R P，2003. Remote sensing geology[M]. Second Edition. Springer，18（104）：332-334.

Hunt G R，Salisbury J W，Lenhoff G J，1978. Visible and near infrared spectra of mineral sand rocks：III. Oxides and hydroxides[J]. ModernGeology，（2）：195-205.

Kruse F A，Boardman J W，Huntington J F，2003. Comparison of airborne hyperspectral data and EO-1 hyperion for mineral mapping[J]. IEEE Transactions on Geoscience and Remote Sensing，41（6）：1388-1400.

Rajesh H M，2004. Application of remote sensing and GIS in mineral resource mapping[J]. Journal of Mineralogical and Petrological Sciences，99（3）：83-103.

Rowan L C，Goetz A F H，Ashley R P，1977. Discrimination of hydrothermally and unaltered rocks in the visible and near infrared multispectral images[J]. Geophysics，42（3）：522-535.

Rowan L C，Mars J C，2003. Lithologic mapping in the mountain pass，California area using advanced spaceborne thermal emission and reflection radiometer（ASTER）data[J]. Remote Sensing of Environment，84（3）：350-366.

Rowan L C，Mars J C. Lithologic mapping in the Mountain Pass，California area using Advanced Spaceborne Thermal Emission and Reflection Radiometer（ASTER）data[J]. Remote Sensing of Environment，2003，84（3）：350-366.

Ruiz-Armenta J R，Prol-Ledesma R M，1998. Techniques for enhancing the spectral response of hydrothermal alteration minerals in thematic mapper images of central Mexico[J]. International Journal of Remote Sensing，19（10）：1981-2000.

USGS，1998. Remote Sensing in the USGS Mineral Resource Surveys Program in the Eastern United States[EB/OL].（1998-12-04）[2019-05-11]. https：//pubs.usgs.gov/info/rowan/.

Zhou C X，Wei C S，Guo J Y，et al.，2001. The source of metals in the Qilinchang Zn-Pb deposit，Northeastern Yunnan，China：Pb-Sr isotope constraints[J]. Economic Geology，96（3）：583-598.